LANCHESTER
STRATEGY

ネットショップ 勝利の法則

ランチェスター戦略

水上浩一 著

マイナビ

はじめに

本書は、「強者の戦略」「弱者の戦略」として知られる**ランチェスター戦略**をネットショップの運用に活用するノウハウをまとめたものです。

いわば「ウェブ時代のランチェスター戦略」と呼べるものです。具体的には、

(1) ネットショップ運営ならではのウェブマーケティングの最大限の活用

(2)「ランチェスター戦略」のウェブマーケティング活用

(3) これら二つの考え方を土台としながらも、これまでのオーソドックスな解釈を大胆に打ち破った新しい解釈や最新のノウハウのフレームワーク化をプラスして、定量データ分析によって検証していく

これらにより、ハイブリッドなノウハウに昇華させたものといえます。

本編に入る前に、そのノウハウをまとめた経緯をお伝えしたいと思います。

グーグルからモバイルファーストインデックスのアナウンスがあったのが2018年3月。その後も検索エンジンの変化に起因して、ビジネス環境は大きく変化し続けています。

パソコンからスマートフォンへのシフトも進み、既にPCからスマホへのデバイスの移行すら経験していないユーザーが増えています。

INTRODUCTION
はじめに

「不確実性の高いビジネス環境」において「未来の予測」は実質不可能であり、無意味とすら言えるでしょう。

さらに２０２０年、新型コロナ禍という、これまで人類が経験したことの無い、インパクトの大きな出来事が起きました。その怖さは明確な終結がイメージできにくいところにあります。

我々はこれまでの考え方を根底から変えなければならない場面に直面しているのです。

「水上浩一ＥＣ実践会ｆｏｒフューチャーショップ（以下ＥＣ実践会）」は、２００９年２月にスタートし、現在、全国22地域、のべ３５００人の受講者さんに参加いただいています。ネットショップを中核の事業にしている「専業型」企業さんが多いのですが、「兼業型」企業さんも少なからずいらっしゃいます。「兼業型」とは、実店舗を運営しながらネットショップも運営している、観光地の施設で小売店を運営しながらネットショップも運営している、観光地でレストランを運営しながらネットショップも運営している、といった企業さんです。

コロナ禍の影響は、このような受講者さんにも襲いかかりました。

「**専業型**」だと、たとえばネットショップの売上が落ちてきた場合、固定費を下げたり、在庫の調整を行う等でキャッシュフローを徐々に安定状態に持って行く、という対応ができます。

しかし「**兼業型**」の場合、たとえば緊急事態宣言による実店舗の営業の自粛が起きますと、ある日突然「日銭」というキャッシュが全く入らなくなります。一方固定費は通常営業と同じ状態のまま出ていくので、何も手を打たなかったらあっという間にキャッシュが詰んでしまいます。

実際、百貨店に出店していたり、大規模商業施設に出店している様々な業種の小売店さんは、緊急事態宣言を受けて、突然、販売機会を失ってしまいました。

実店舗の売上に比べれば、ネットショップの売上は1店舗の売上に満たない会社さんばかりです。当然これまでは実店舗を優先して、リソースを集中していました。もちろん会社のブランドの関係もありますので、ページの更新や不定期でのメルマガ配信、ソーシャルメディアでの露出も行ってはいましたが、あくまでメインは実店舗でした。

飲食店だと、実店舗が営業できなくても、「テイクアウトをすれば良い」「ネット通販をやればよい」という意見もあるでしょう。しかし、テイクアウトやネット通販は独自のノウハウがあり、行動すればすぐに売上が上がるといった簡単な話ではありません。

また、小売店だとテイクアウトという選択肢もありません。

おそらく多くの小売店さんは、途方に暮れてしまったのではないかと思います。

ところが、です。

新規やリピーターのアクセス数を急に増やしたり、転換率を上げたりして、売上を短期間で数倍に引き上げた店舗さんがこの新型コロナ禍の状況下、ものすごい勢いで増加したのです。先ほど『「不確実性の高いビジネス環境」において「未来の予測」は実質不可能であり、無意味とすら言える』と書きましたが、その成果手法は実にオーソドックスです。

ある「兼業型」のネットショップさんの事例をご紹介します。

そのネットショップさんはこれまで実店舗中心に運営していたため、あまりネットショップには力を入れていませんでした。しかし、新型コロナ禍の影響でネットショップに注力することになりました。

その一環として、メールマガジンに自分たちの思いを書き込んで配信したところ、なんとものすごく反応があり、２０２０年12月に最高月商売上を上げられたのです。

お客様も不要不急の外出を自粛していて、その分ネットで購入する機会が増えた面もあると思いますが、それだけで反応が突然上がるほど甘くはありません。

お客様は、お店からのメッセージを待っていたのだと思います。

新商品の案内であったり、セールの情報であったり、販促企画の告知であったりと、内容は様々ですが、お客様は実はお店からのご連絡を、お店からのメールマガジンを待っていたのだと思います。店舗側はそこまでとは思っていなかったかもしれませんが、そのお店のファンの方々は確実にいらっしゃったのだと思います。

ほかにも、メールマガジンを起点として、サイトのアップデート情報によって実店舗１店舗分の売上を上げるまでになった企業さんもいらっしゃいました。

このケースを分析すると、実は**ランチェスター戦略を活用して成果を上げることができた、**

といえるのです。ランチェスター戦略について詳しくは本書のなかでお伝えしていきますが、メールマガジンに注力するという**「リソースの一点集中」**、**「お客様とのコミュニケーションを密にとっていく接近戦」**、**「新商品や追加商品、販促企画のこまめなアップデート情報によりお客様との接触頻度を上げる」**といった施策はランチェスター戦略に則ったものといえます。

もうひとつ事例を。

総合衣料店の実店舗を運営している会社がシニアファッションに特化したネットショップを運営していました。新型コロナの影響で営業を自粛したり、再開後も客足が戻らなかったりと実店舗の運営は厳しかったのですが、ネットショップは逆に大盛況となりました。とくに巣ごもり需要を機会と捉え、ルームウェアを中心に販売することで母の日、そして父の日の需要を多く獲得することができ、２０２０年5月には前年対比１５０％アップの過去最高月商を記録しました。

成果要因としては、もちろん購買確率の高いと思われるキーワードでのＳＥＯや、ページの改修、メールマガジンの配信等、あらゆる施策の実施があります。

しかしここで特筆したいのは、天候の変化に適応させた細かいページの修正です。たとえば、暑い日が続いたときには、半袖シャツをトップページの上部に移動させて目立たせたり、逆に雨天で気温が低くなったときには上に羽織るカーディガンと半袖シャツを入れ替えたりと、こまめに配置換えを行ったのです。

INTRODUCTION
はじめに

「天候に応じて細かいページのチューニングを行っているんですね」と私が感心すると「こういったことは実店舗では当たり前のように行っていることなんですよ。私も実店舗経験が長いので、そういったことが染みついていて。肌寒い日に半袖のシャツが目立つところに掲載されていると、お客様のニーズとショップの提案がずれているのでは、と気になってしまいます」とおっしゃっていました。

もちろんネットショップならではのノウハウはあります。たとえば検索エンジン対策やリスティング広告などの集客施策、ランディングページと呼ばれる転換率を上げるための専用の商品ページ、アクセス解析ツールのグーグルアナリティクスの活用等が挙げられます。しかしネットショップだからといって、そういった専門的な手法ばかりに目を奪われてしまうと、肝心のお客様が見えなくなってくる危険があります。

この店舗さんは、**実店舗の経験をそのままネットショップに活用**しています。お客様と目線を同じにして、お客様との距離をできるだけ近づけていく接客が重要だということです。

このケースもランチェスター戦略の活用が成果のポイントと言えます。実店舗でも得意分野で市場環境が今後伸びていきそうなシニアファッションに特化するという**専門性**。商品カテゴリの**一点集中**、さらに「腰曲がりズボン」等のユニークな商品構成による**差別化**など。

このような事例を多数見るうちに、ランチェスター戦略の活用をネットショップの成果につなげる、「ウェブ時代のランチェスター戦略」と呼ぶべきものが、私のなかでまとまってきたのです。繰り返しになりますが、

（1）ネットショップ運営ならではのウェブマーケティングの最大限の活用

前著『SEOに強い！ネットショップの教科書』（マイナビ出版）で解説したのがこのノウハウです。

（2）「ランチェスター戦略」のウェブマーケティング活用

これも2009年に刊行した『ホームページなら小が大に勝てる！儲かる会社ランチェスター戦略』（KADOKAWA）で解説し、EC実践会のノウハウの基盤として掲げているものです。

（3）これまでまとめてきた二つの考え方を土台としながら、これまでのオーソドックスな解釈を大胆に打ち破った新しい解釈や最新のノウハウのフレームワーク化をプラスして、定量データ分析によって検証

より進化した、ハイブリッドなノウハウに昇華させることができたと考えています。

本書は3部構成になっています。

1部は1章の「販売力＝リソースの2乗×効率化」。ランチェスター戦略の概略を説明し、さらにその第二法則をマーケティングの観点から解釈し、ネットショップ運営に応用した内容を説明します。バリューチェーン分析もミックスして深掘りします。

2部は2章〜4章まで。**「一点集中」「局地戦」「差別化」「一騎打ち」「接近戦」「陽動戦」というランチェスター戦略6つの視点**のウェブマーケティング活用を説明します。特に「一

INTRODUCTION
はじめに

点集中」と「差別化」「一騎打ち」は重要な要素なのでそれぞれ詳しく説明していきます。

3部は5章の「売上高構成比率とキー・プロダクトの選定」。ランチェスター戦略で有名な「コープマン目標値（※）」の売上高構成比率への応用について解説します。

（※本書では「クープマン目標値」ではなく「コープマン目標値」と記述します。詳細は177ページを参照。）


本書では、ＥＣ実践会の受講者さんのご厚意で、できるだけ定量データを使って具体的に解説していくことを心がけました。

２０２０年のＥＣ実践会受講者さんの快進撃は、偶然ではありません。そこには受講者さん一人ひとりの血のにじむような努力と商売への情熱、飽くなき探究心が前提にあることは言うまでもありません。

しかし、ただ努力しただけで成果が出せるほど簡単なビジネス環境ではもはや無くなっていることはすでに説明した通りです。

そこには明確な指針が必要だと考えています。

本書はその指針をあなたにお伝えするために書きました。

多くの成果を出されたＥＣ実践会の受講者さんの実践の結晶である、本書のノウハウで、厳しい状況下でのビジネスに勝利されることを心より願っています。

一緒にがんばっていきましょう！

２０２１年１月　水上浩一

CONTENTS

もくじ

第1章　販売力＝リソースの2乗×効率化 ―― 016

ランチェスター戦略第一法則、第二法則と強者の戦略、弱者の戦略について ―― 017

強者の戦略と弱者の戦略を曖昧にしたインターネットとスマホの出現 ―― 022

リソースの分散による「リスク」とは ―― 025

リソースの集中による「メリット」とは ―― 029

ネットショップは「規模の経済（スケールメリット）」を生み出しにくいビジネス ―― 031

売上が上がっても固定費を上げない工夫、それが効率化 ―― 035

「内製化」と「アウトソーシング（外製化）」意思決定フレームワーク ―― 037

「内製化」と「アウトソーシング（外製化）」意思決定フレームワーク事例研究 ―― 038

バリューチェーン分析で「強み：差別化要素」と「弱み：ボトルネック」の浮き彫りを ―― 043

ランチェスター戦略6つの視点とは ―― 049

CONTENTS

もくじ

第2章 一点集中 052

ランチェスター戦略6つの視点（1）一点集中 053

集客商品・本命商品選定フレームワーク 056

「集客商品」「本命商品」の設計と「常連化曲線」 063

検索エンジンで検索するときのユーザーの3つの意図 065

キーワードによる検索エンジン市場分析フレームワーク 067

キーワードによる検索エンジン市場分析 068

キーワードによる検索エンジン市場分析の事例 072

市場・ターゲットの絞り込み（一点集中） 076

「STP分析」「6R」市場・ターゲットの絞り込み4つの視点フレームワーク 078

「STP分析」「6R」市場・ターゲットの絞り込み4つの視点の事例 080

「アンゾフ・マトリクス」で絞り込んだ市場の拡張性、新商品の拡張性を分析しよう 084

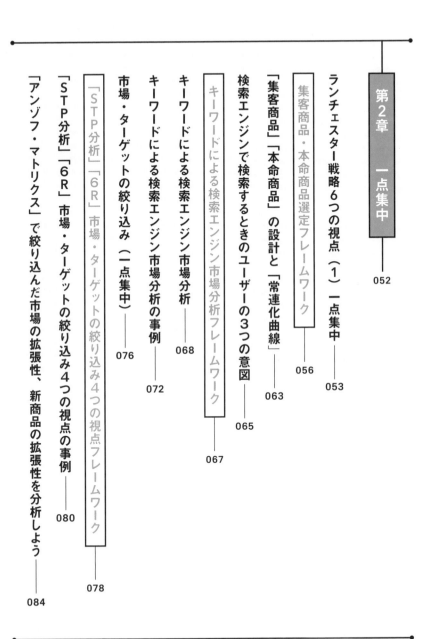

第3章 ビジネス・インパクトの高い「ブランド化」「顧客インサイト」に一点集中しよう！ 094
コラム――ある親子の会話と「顧客インサイト」 095
ブランド戦略には顧客体験の「一貫性」が重要 098
顧客体験の「一貫性」設計、上手くいっている事例、ちょっと残念な事例 101
ブランド設計フレームワーク 104
(1) ターゲットのセグメンテーション（ターゲットの具体化） 105
(2) 顧客インサイトの明確化 109
顧客インサイト・フレームワーク 109
(3) ブランド設計（共感シグナル、ブランド・ベネフィット） 120
(4) ブランディングに基づく経営戦略策定（リソースの傾斜配分の決定） 126
(5) マーケティングの観点から見たブランディングの重要性 128

第4章　局地戦・差別化・一騎打ち・接近戦・陽動戦　134
ランチェスター戦略6つの視点（1）一点集中　第2章
ランチェスター戦略6つの視点（2）局地戦　135
ランチェスター戦略6つの視点（3）差別化　141
ランチェスター戦略6つの視点（4）一騎打ち　150
ランチェスター戦略6つの視点（5）接近戦　156
ランチェスター戦略6つの視点（6）陽動戦　162
自社ECサイトは「サブマリン戦略」が可能　166

CONTENTS
もくじ

第5章 売上高構成比率とキー・プロダクト 174
商品の一点集中と売上高構成比率 175
キー・プロダクトの売上高構成比率目標値 181
キー・プロダクト発見・開発フレームワーク 184
キー・プロダクト発見・開発フレームワーク活用事例 188
キー・プロダクトの売上高構成比率目標値を活用した事例 191
売上高構成比率を活用した事例 199
ビジネス・インパクト・フレームワーク 203
ランチェスター戦略「ビジネス・インパクト」トータル事例 204
事例をフレームワークで分析 209
おわりに 217
索引 222

本書のサポートサイト

本書の補足情報、訂正情報などを掲載します。適宜ご参照ください。

https://book.mynavi.jp/supportsite/detail/9784839974831.html

- 本書は2021年1月段階での情報に基づいて執筆されています。
- 本書に登場する製品やソフトウェア、サービスのバージョン、画面、機能、URL、製品のスペックなどの情報は、すべてその原稿執筆時点でのものです。執筆以降に変更されている可能性がありますので、ご了承ください。
- 本書に記載された内容は、情報の提供のみを目的としております。したがって、本書を用いての運用はすべてお客様自身の責任と判断において行ってください。
- 本書の制作にあたっては正確な記述につとめましたが、著者や出版社のいずれも、本書の内容に関して、なんらかの保証をするものではなく、内容に関するいかなる運用結果についてもいっさいの責任を負いません。あらかじめご了承ください。
- 本書中の会社名や商品名は、該当する各社の商標または登録商標です。
- 本書中では ™ および ® マークは省略させていただいております。

CHAPTER

1

販売力=リソースの2乗×効率化

ランチェスター戦略第一法則、第二法則と強者の戦略、弱者の戦略について

まずはランチェスター戦略について、分からないという方のために少し説明します。すでに知っている方は、この項目を飛ばして読み進めてくださっても大丈夫です。

元々**ランチェスター戦略**とは、戦争に勝つための戦略・法則で、イギリスのエンジニア、フレデリック・W・ランチェスターによって考案されました。

第一次世界大戦下において、戦いに勝つために編み出された法則で、その後アメリカの研究者によって応用され、第二次世界大戦でアメリカ軍を勝利に導く一助ともなりました。この軍事戦略論を日本では経営コンサルタントの田岡信夫さんが販売戦略、競争戦略の理論として確立しました。弱者と強者、それぞれの立場から優位に戦うための法則を提示しています。

現在、日本におけるランチェスター研究の第一人者である竹田陽一さんによれば、その法則は次の第一法則と第二法則がベースとなります。

法則

ランチェスター戦略　第一法則

戦闘力＝兵力数×武器効率

法則

ランチェスター戦略　第二法則

戦闘力＝兵力数の２乗×武器効率

つまり、高性能で効率的な武器と圧倒的な兵力数が大きな戦闘力を生み出す、ということです。第一法則と第二法則の違いは、**武器の性能と効率**です。

第一法則は刀や槍といった武器を使った一騎打ち戦を想定しています。

第二法則は鉄砲や大砲、戦艦や戦闘機といった飛び道具や広範囲に効率的に影響がある武器を使うため、**兵力が第一法則の2乗**になります。

たとえば、A軍とB軍での戦いを想定します。A軍の兵力数は5名、B軍は3名だったとします。武器は刀や槍を使うと仮定し、両軍の武器の性能や効率は同じと考えます。

この場合、ランチェスター戦略第一法則を使うことになります。

A軍とB軍が真っ向からぶつかり合った場合、次のように同じ人数だけ損害が出るため、兵力数が少ないB軍が全滅したとき、A軍もB軍と同じ3名の損害が出ることになり、2名残存して勝利することになります。図1

次に、鉄砲や大砲、戦艦や戦闘機といった飛び道具や広範囲に効率的に影響がある武器を使うと仮定した場合を考えてみます。

その場合はランチェスター戦略第二法則を使うことになります。

A軍は5名の2乗ですから25
B軍は3名の2乗ですから9

となります。

差し引きは25－9＝16
16は2乗している状態ですからルートで開きます。
ルート16＝4

B軍が全滅したときに、A軍は4名残存するという圧倒的な勝利になるのです。図2

図1　ランチェスター戦略　第一法則

攻撃力＝兵力数×武器性能

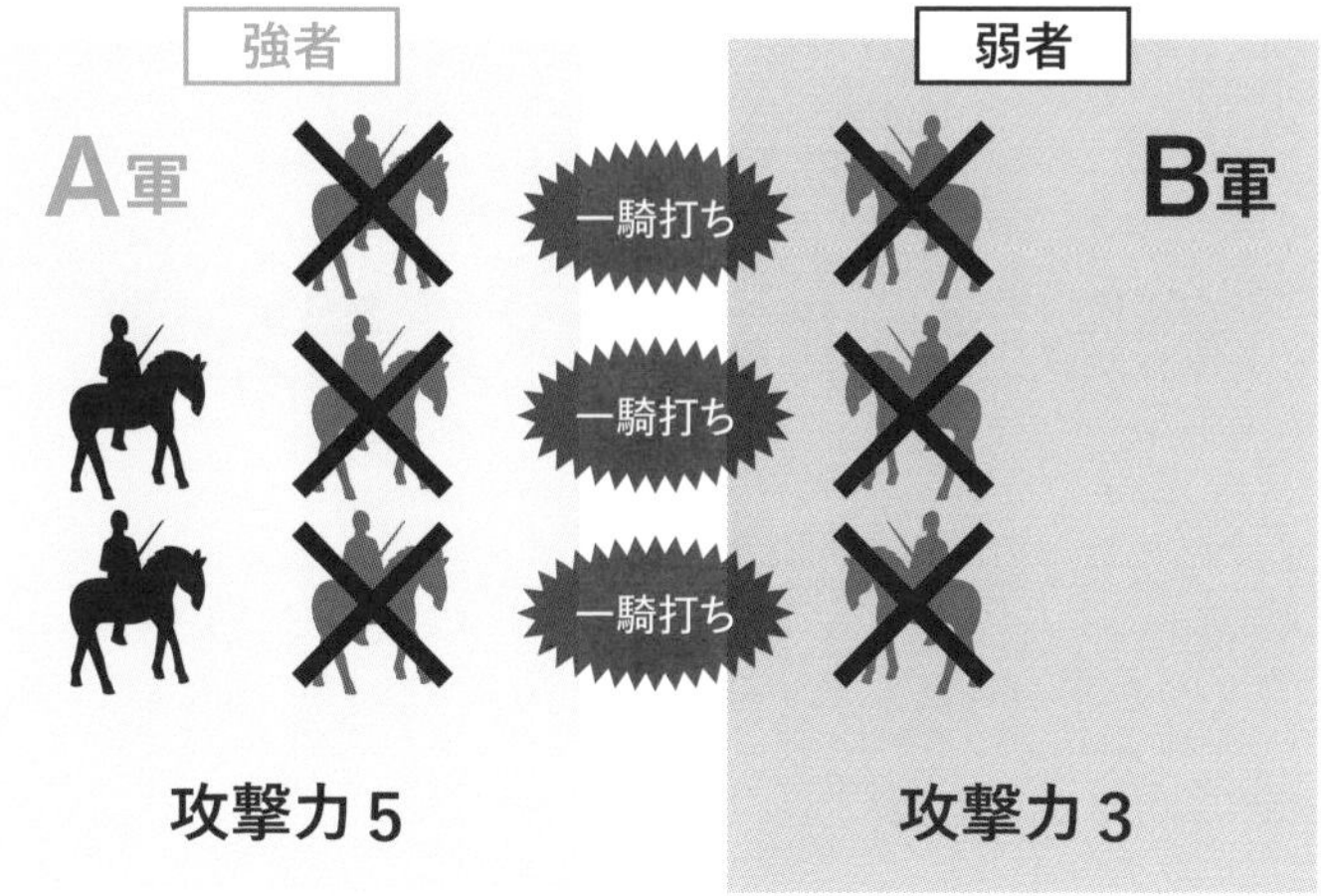
強者
弱者
A軍
B軍
一騎打ち
一騎打ち
一騎打ち
攻撃力 5
攻撃力 3

図2　ランチェスター戦略　第二法則

攻撃力＝兵力数^2×武器性能

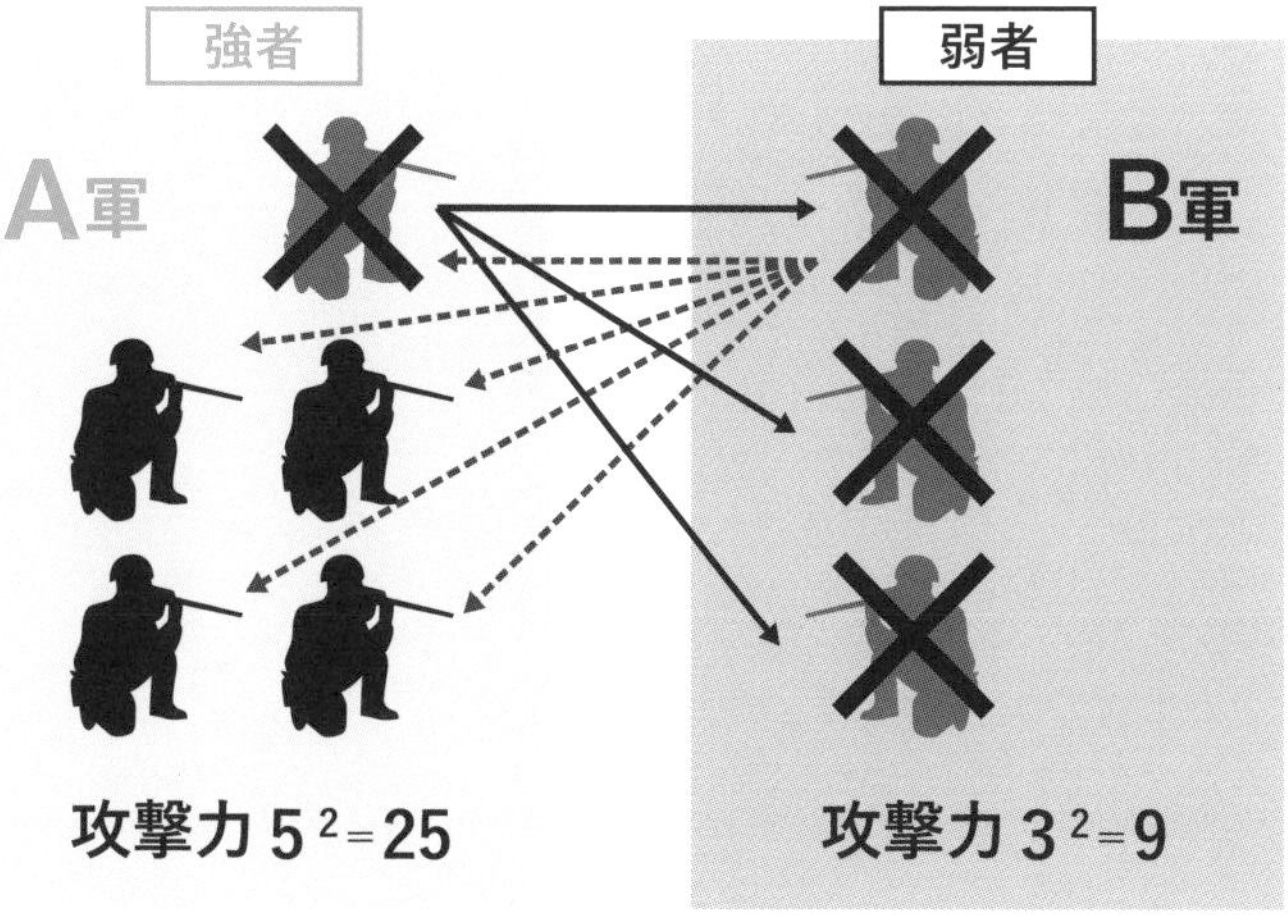
強者
弱者
A軍
B軍
攻撃力 5^2=25
攻撃力 3^2=9

ランチェスターの法則

ランチェスター戦略第一法則

戦闘力＝兵力数×武器効率

ランチェスター戦略第二法則

戦闘力＝兵力数^2×武器効率

第二次世界大戦でアメリカ軍が、あらゆる局面で日本軍の数倍の兵力数と高性能な武器で圧倒、勝利を納めたのは、まさにランチェスター戦略の第二法則に則ったものと考えられます。

その結果、第一法則は「**弱者の戦略**」の基礎法則となりました。弱者とは地域一番店、業界第一位企業、ジャンル一番店以外の企業やショップのことを指します。

第二法則は「**強者の戦略**」の基礎法則となりました。強者とは地域一番店、業界第一位企業、ジャンル一番店の企業やショップのことを指します。

では、弱者は強者に勝てないのでしょうか？

実はそんなことはありません。

これらの計算式はいずれも真っ向から勝負を挑んだときの話です。

ランチェスターの法則は、強者に対して正面からぶつかってはいけないと教えてくれているとも言えます。ポイントは「**一点集中**」です。

図3　攻撃を一点集中させることで弱者でも強者に勝てる

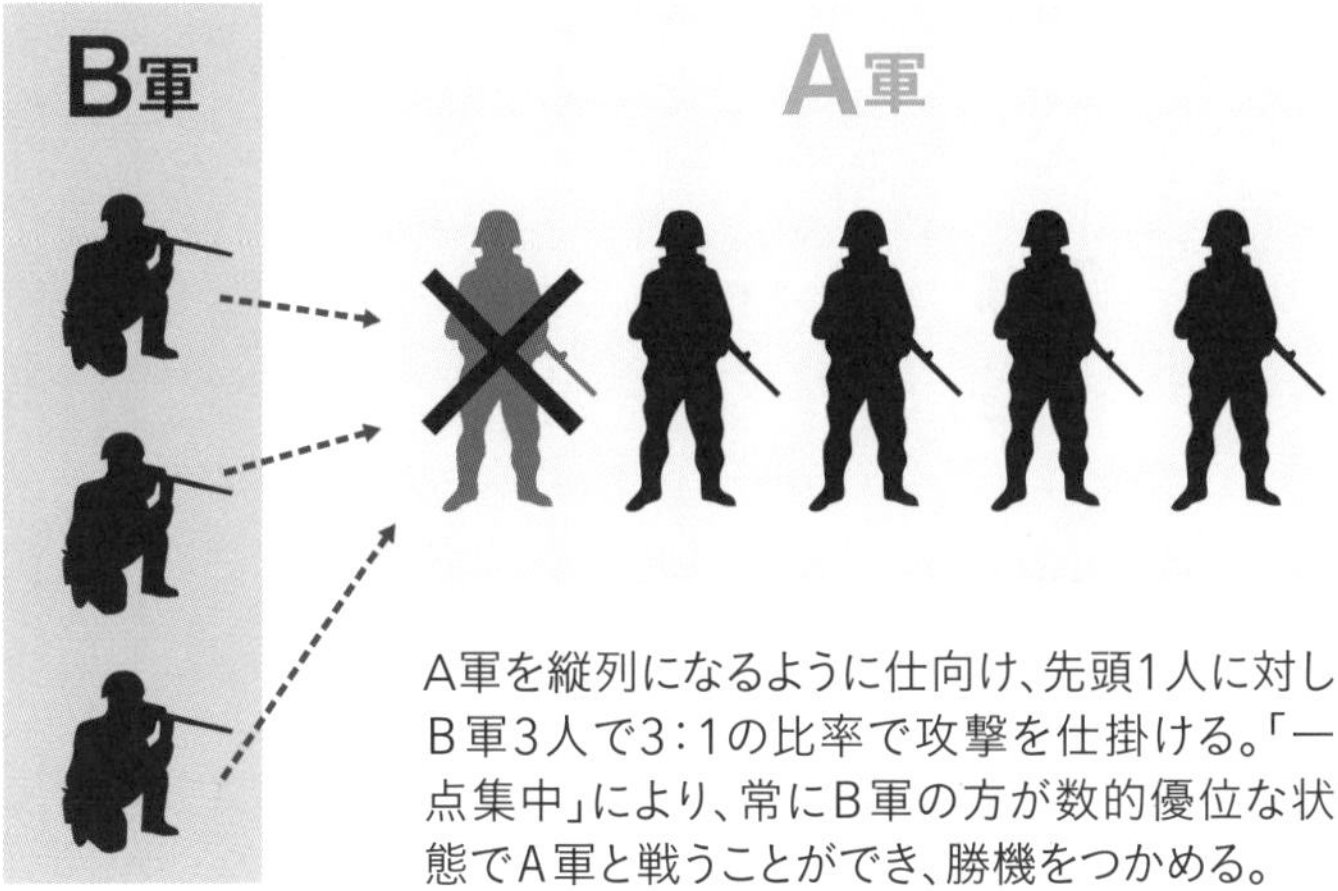

A軍を縦列になるように仕向け、先頭1人に対しB軍3人で3：1の比率で攻撃を仕掛ける。「一点集中」により、常にB軍の方が数的優位な状態でA軍と戦うことができ、勝機をつかめる。

例えば先ほどのA軍とB軍の事例で考えると、第二法則を使うと4対0でA軍の圧倒的勝利になりますが、なんらかの方法でA軍を一列に並べることに成功したと仮定します。

そして一列に並んだA軍の先頭1人に対してB軍3名で同時に攻撃を仕掛けたとしたら、B軍3人に対してA軍は1人となり、この戦いはB軍の勝ちとなります。これを5回繰り返すことができればB軍が勝利することができるのです。図3

このように、**弱者は弱者なりの戦略・戦術をもって、戦いに臨むことで、強者を打ち負かすことができる**ことをランチェスターは説いているのだと考えます。

強者の戦略と弱者の戦略の境界線を曖昧にしたインターネットとスマホの出現

１９９０年代前半までは強者と弱者は、はっきりとしていました。

例えば大手広告代理店と地域の広告代理店とでは、クライアントの規模と取り扱い金額が全く異なるので、両社は市場でバッティングしませんでした。

しかしこの後、二つの大きな変化が起こり、その境界線は曖昧になっていくことになります。

変化の一つ目は**インターネットの登場とインターネット・マーケティングの進化**です。インターネットを武器と考えると、圧倒的に広範囲のユーザーに商品や情報を閲覧してもらえる可能性があります。武器効率的には第二法則、つまり強者の戦略となる訳です。しかし、インターネットは強者も弱者も活用することができるのです。つまりインターネットを活用したマーケティングでは、**強者と弱者が同じ市場で戦う可能性がある**、ということです。

具体的に言うとＡｍａｚｏｎ（アマゾン）には数億アイテムの品揃えがあります。この品揃え数は、ほとんどのネットショップがアマゾンと競合になる、ということを意味しています。たとえば、あなたのネットショップで中心的に売れている商品は、オリジナル商品で無い限り、アマゾンでも販売されているでしょう。その商品がもっているキーワードでユーザーが検索した場合、ほとんどのキーワードでアマゾンは上位にランキングされているため、仮にあなたのショップが検索順位で上位にランクインしていた場合、その前後にはアマゾンがインデックスされていることになります。アマゾンに無い価値があなたのショップから見えてこなければ、ユーザーはアマゾンを選んでしまう可能性が高いでしょう。

なにしろ知名度はバッグン、価格も安い、という印象が強く（実際に安いかどうかは別）、プライム会員になっていれば送料無料で基本翌日に届きますし、レコメンド機能を使うことで様々な自分自身にマッチした商品と出会える可能性が広がり、ビデオも旧作ではありますが、無料で視聴することができたりと、利便性も高いため、それ以外の価値をユーザーに訴求していくしかありませんが、それはなかなか難しそうです（もちろんその方法は本書でお伝えしていきます！）。

しかしあなたのショップは、アマゾンマーケットプレイスに出店することができれば、逆にアマゾンの集客力を活用してあなたの商品を販売することが可能となります。

これまで数万人、数十万人規模のユーザーに広告を認知してもらうためには、テレビ、ラジオ、雑誌等のマスメディアを活用するしか方法がありませんでした。マスメディアを活用した広告には多大な費用がかかるため、強者しか利用することはできませんでした。

しかし、インターネットを活用することで、弱者でも数万人、数十万人に対して広告を出すことが可能になりました。

そして、変化の二つ目は**スマホの爆発的普及**です。

2000年代前半まではインターネットにアクセスするメインのデバイスはPCでした。2007年頃のPC家庭普及率は70％程度となっており、日本の世帯数は約5100万世帯だったので、3500万台が普及していたことになります（企業のPCは除く）。この2007年はというのは実はiPhone（アイフォーン）がリリースされた年で、日本でも2008年にリリースされました。

2019年の調査だとスマホの利用率は日本国内で85％、1億人を越えていることになります。一人1台スマホを持っていると仮定しても1億台、PCの3倍以上の普及率ということになります。日本国内に限定しても、スマホによって、インターネットはほぼ全ての購買層を網羅していることになるのです。

強者と弱者、両方がインターネットとスマホを活用することで、同じように日本中のユーザーに情報発信や商品紹介ができる環境が出現したということです。

先ほどアマゾンの強みの一つに利便性を挙げましたが、SaaS（Software as a Serviceの略。クラウドで提供されるソフトウェアのこと）を使えば低価格でレコメンド機能やリピート購入に便利なマイページ機能、様々な決済に対応可能になります。機能的にアマゾンと遜色の無いサービスを提供することが可能なのです。

つまり、強者と弱者の境界線はインターネットとスマホの出現によって限りなく曖昧になってきた、ということです。

もちろん強者の戦略や弱者の戦略を否定してい

強者と弱者の境界線が曖昧に

インターネットの登場、インターネット・マーケティングの進化
スマートフォンの普及

↓

強者と弱者が、同じような仕組みで日本中のユーザーに販売できる
強者と弱者が、同じように情報発信や商品紹介できる
強者と弱者が、同じレベルの利便性やサービスを提供できる

る訳でも無く、ましてや批判している訳でもありません。

あえて強者の戦略、弱者の戦略という分類を取り払い、ランチェスター戦略のエッセンスをネットショップ運営においてどのように活用するのか?を検討していく、というスタンスを本書では取りたいと考えています。

ですから、第二法則を使って弱者の戦略を説明することもありますし、強者が弱者の戦略を採用することもあり得ると思います。実際にコンビニが採用しているドミナント戦略は強者による「**接近戦**」（2章以降で説明する弱者の戦略6つの視点の一つ）とも言えると思います。

ここからは強者の戦略、弱者の戦略という分類は使わずにランチェスター戦略をベースにしてネットショップの経営戦略やマーケティングについて説明していくことにします。

リソースの分散による「リスク」とは

ランチェスター戦略　第二法則

法則　**戦闘力＝兵力数の2乗×武器効率**

この表記のままではどうもイメージがわきにくいと思います。

そこで、ネットショップのマーケティングの公式らしく、

- **戦闘力→販売力**
- **兵力数→リソース**
（経営資源：ヒトモノカネや情報、時間といった企業が活用できる資源のことをリソースと呼びます）
- **武器効率→（生産性を高めるための）効率化**

と置き換えてみましょう。そうすると、公式は次ページのようになります。

ランチェスター戦略の公式

販売力＝
リソース^2×（生産性を高めるための）効率化

本書ではこれからランチェスター戦略の公式と言えばこの公式のことを指すことにします。

このランチェスター戦略の公式を活用して、まずは**「リソース」の分散によるリスクとメリット**について説明したいと思います。

まずはリスクから。

たとえば、あるネットショップが月額予算20万円かけてインターネットで広告を出稿しようと考えたとしましょう。

まずは検索連動型広告（リスティング広告）を検討します。同じ検索エンジンの広告でしたら、ディスプレイ広告も検索連動型広告のほうがより多くのユーザーの目にとまるかもしれません。

さらにインスタグラムは画像をクリックすると商品名と金額が表示され、そのままクリックすると商品ページに遷移できて購入ができる「ショッピング機能（Shop Now）」が実装されています。これで集客したら売れるかもしれません。

となったら、ついでにフェイスブック広告も運用してもよいかもしれません。

インスタグラムでも「リール（Reels）」が人気ですが、動画もおさえておいた方がいいなと思いユーチューブ広告も運用を検討します。

ここまで検討して、月額広告予算20万円を次のように配分することにしました。

・リスティング広告（月額5万円）
・ディスプレイ広告（月額5万円）
・フェイスブック広告（月額4万円）
・インスタグラム広告（月額3万円）
・ユーチューブ広告（月額3万円）

これで今流行のメディアにまんべん無く露出できるので広告効果を期待できる、と思うかもしれません。

しかし、これを実際に運用された方がいらっしゃったのですが、ほとんど反応がありませんでした。もちろんこれら特定の媒体の広告効果が無いと申し上げている訳ではありません。このように**少額ずついろいろな広告に出稿するのが実は一番効率が悪い**ということです（商品や店舗名、ブランド名の認知が広告目的の場合はこの広告出稿方法でも一定の効果はあるかもしれません。しかし、いずれにしてもインプレッション数（表示回数）は限定的となりますので、それほどの認知には結びつかない可能性が高いです）。

これはランチェスター戦略の公式からも導き出せます。

公式　販売力＝リソースの2乗×（生産性を高めるための）効率化

効率化の部分は今回条件がありませんから仮に「1」としておきます。

リソースは月額広告予算ですから今回は「20万円」です。わかりやすく「20」としておきます。

販売力＝「20」の2乗×1

となりますので、月額予算20万円の販売力は「400」となります。

しかし今回は5つの広告媒体に露出することにしたのでそれぞれに予算配分しています。ですから下図のようにそれぞれの予算配分の2乗の合算が販売力となります。

月額予算は「400」の力を持っているはずなのに、5つの媒体に分散させることで合算しても「84」の販売力しかなくなってしまいます。これがリソースの分散によるリスクです。

リソースを分散した場合の販売力

- リスティング広告（月額5万円）　→「5」の2乗＝25
- ディスプレイ広告（月額5万円）　→「5」の2章＝25
- フェイスブック広告（月額4万円）→「4」の2乗＝16
- インスタグラム広告（月額3万円）→「3」の2乗＝9
- ユーチューブ広告（月額3万円）　→「3」の2乗＝9

合計：25＋25＋16＋9＋9＝84

リソースの集中による「メリット」とは

リソースの分散によるリスクはそれだけではありません。

リスティング広告を例にして考えてみましょう。

リスティング広告というのは、広告出稿者が指定したキーワードに対するクリック単価を入札によって決め、クリックされる度に課金されるタイプの広告ですが、たとえばクリック単価が@60円だった場合、月額5万円の広告費では、月間833クリックしか獲得できないことになります。1日換算で約27クリックです。転換率（CVR）1%の場合、これでは1件もコンバージョンしないことになります。

リスティング広告は、そのネットショップの抱えている課題によって、売上を上げることが目的だったり、コンバージョン数を増やして新規会員を獲得することが目的だったり、クリック数を増やすことが目的だったりするので、これだけで評価することはできませんが、売上やコンバージョン数が目的の場合は広告の効果が全く無いことになります。しかし、**5つの媒体に分散していた月額広告予算20万円をリスティング広告だけに集中**したとすればどうでしょうか？

月額20万円の広告費でクリック単価@60円の場合、理論上3333クリック獲得することができます。1日換算で約111クリック、転換率（CVR）1%の場合、1件コンバージョンすることになります。1件×30日＝30件のコンバージョンを計算上は獲得することが可能なのです。これが「**リソースの集中によるメリット**」なのです。

このケースは机上論ではありません。媒体は多少異なりますが、実際に「広告効果が無い」と相談を受けたことがあり、リスティング広告に広告予算を一点集中させることで事例と同様の効果を上げた実績があります（本書で取り上げている事例は店舗名が記載されている、いないにかかわらずすべて実在の事例です)。

今の事例では、広告費を複数の媒体に分散させることによるリスクと集中させることによるメリットについてお伝えいたしました。これは、広告をかける商品を複数に分散した場合と一点集中した場合でも同様のことが言えます。

たとえばあなたが「サンふじ(リンゴの種類)」の生産者だったとします。サンふじをネットショップで販売しようと考えます。競合は大手の産直品セレクトショップで、果物、野菜、肉、卵、牛乳等を生産者から仕入れて販売しているとします。

競合は大手ですのでリソースも潤沢です。たとえばリスティング広告もあらゆるカテゴリの商品のキーワードで出稿しています。たとえば月額500万円を100商品に対して均等に出稿しているとします。この場合、

500万円÷100商品=5万円
(1商品当たりの広告費割合)

となります。

ここであなたは、「サンふじ」だけを販売していますから、サンふじだけにリスティングをかければよいことになります。ですから広告費が月額10万円しかかけられなかったとしても、

10万円÷1商品=10万円
(1商品当たりの広告費割合)

となり、なんと「サンふじ」に関して言えば大手の産直品セレクトショップよりもインプレッションを稼ぐことができる、もしくはクリック単価を少し高くすることで大手よりも高い位置で広告を露出させることができるのです。

これがリソースの集中における「**一騎打ち**」(1章最後で説明する弱者の戦略6つの視点の一つ)と言えると思います。

ネットショップは「規模の経済（スケールメリット）」を生み出しにくいビジネス

ここまではランチェスター戦略第二法則のネットショップ活用

公式

販売力＝リソースの２乗×（生産性を高めるための）効率化

の「リソースの2乗」について考察しました。

次は「**（生産性を高めるための）効率化**」の部分を説明していきます。ネットショップの運営には「（生産性を高めるための）効率化」が重要なのですが、ここで重要なのが単なる「効率化」ではなくて「（生産性を高めるための）効率化」である点です。

生産性は極限まで単純な式であらわすと、次の公式になります。

生産性の公式

生産性
≒投資対効果（ROI）
＝成果／コスト（投入リソース）

ネットショップの生産性を高める方法

1. 利益を増やす
2. コスト（投入リソース）を減らす
3. 1、2両方を実現させる

ここではネットショップ運営における生産性を検討していますので、**成果＝利益**となります。

つまり、ネットショップの生産性を高めるためには、上に掲載した3つの方法があることになります。

ところがネットショップ運営は2つの意味で生産性を高めることが難しいビジネスなのです。それは「**規模の経済（スケールメリット）が効きにくい**」ということです。

規模の経済性が効く状態とは、成果（利益）が増えるに従って成果（利益）あたりのコストが下がる、という状態を指します。規模の経済が効くというのは、コスト全体の中で固定費の割合が大きいタイプの事業が該当します。この場合、利益が増えれば増えるほど固定費率が薄まり、結果的に低コストを実現できるのです。ただし、成果（利益）が増えても固定費が増えないことが前提となります（それが本来の固定費なんですけどね）。

固定費だけを考えた場合、極端な話、100円の利益でも、100万円の利益でも事業全体では同じ固定費（コスト）が計上されることになりますので、100万円の利益で固定費（コスト）を割った方が利益あたりのコストは低くなる訳です。

ネットショップ運営は二つの意味で生産性を高めることが難しいビジネスと申し上げました。

（1）ネットショップ運営のうち、売上に直接関係しているコストが変動費であり、しかも売上が上がっても規模の経済（スケールメリット）が効きにくい。

（2）売上が上がっても手を打たないと固定費も上がってしまう、つまり変動費化してしまう。

（1）については、一つ目のコストは、クレジットカードやペイメント等の決済費用が該当します。これらは例えば売上の3％が決済費用だった場合、月商100万円でも3％ですが、月商1億円でも3％かかります。売上が上がったからといって、料率が下がる訳では無いので規模の経済（スケールメリット）が効きません。

もう一つのコストは、楽天市場などのショッピングモールの売上にかかる従量課金などです。売上が上がるにつれて若干料率は下がっていきますが、下がると言っても0・5％刻みなのでそれほど規模の経済（スケールメリット）が効くとは言えないと思います。

この従量課金に楽天ペイ利用料が加算されます。平均決済単価と月額決済高に応じて0．1ポイントから0・2ポイントずつ低くなっていくようです（2020年9月28日調査）。しかしこちらも他のクレジット会社の決済手数料とほぼ同様に規模の経済（スケールメリット）が効くとは言えないと思っています。

これは楽天市場の費用感のことを申し上げているのではありません。ネットショップの売上に対するコストは、クレジットカードやペイメント等の決済費用や売上にかかる従量課金等について、規模の経済（スケールメリット）は効きにくい、ということを申し上げているのです。

（2）についてですが、ネットショップの場合、受注処理、（必要な場合は）検品、ピッキング（梱包前のセット商品のセット組みや、同梱物がある場合のセット組み）、梱包、出荷業務という人手がかかる作業が発生します。これらは客単価やアッセンブリによって作業量は異なりますが、基本的に売上が上がると人手が掛かります。

また作業場所もスタッフ人数に応じて広くしていかなければなりませんし、売上が上がってくると在庫量も増えてきますし、梱包材も増えていくので倉庫も大きくしていかなければなりません。業種によりますが、ファッションジャンルのショップの場合、売上規模に応じて商品撮影の量も増えていく場合もあり、先ほどの受注以降の業務以外でも売上に応じて作業が増えていく場合もあります。このように人件費やオフィス、作業現場、倉庫等の賃料は手を打たないと、一定の売上ごとに増加していってしまうのです。これを「**ネガティブな固定費の変動費化**」と呼んでいます。

いま説明したような要因によって、ネットショップは規模の経済（スケールメリット）が効きにくいビジネスになりやすいのです。

売上が上がっても固定費を上げない工夫、それが効率化

では規模の経済（スケールメリット）を効きやすくする「打ち手」はあるのでしょうか？　そのカギを握っているのが、

公式

販売力＝リソースの２乗×（生産性を高めるための）効率化

のうちの「**（生産性を高めるための）効率化**」を検討することなのです。

たとえば「**システム化**」を検討します。

複数店舗を運営している人でしたら、すでに導入しているところも多いと思いますが、受注業務や商品の在庫を管理するシステムを導入することによって、それらの業務を少人数で実施することが可能になります。

特殊な事例ですが、衣服のリサイクルショップさんの場合、査定、買取も膨大な作業になりますが、ここは人の手を使わざるを得ません。問題はそのあとです。買い取った商品は撮影してスペック、品番を掲載して商品ページにアップしなければ売れません。この作業がとにかく膨大で手間がかかるのです。

通常でしたら、これらの作業に多くの人員を必要とするところですが、ある会社では、撮影スタジオブースがいくつもあり、トルソー（人体）がすでに設置されています。

そこに買い取った服を着せて、あとはシャッターを押すだけなのです。それ以降の「複数カットの撮影」「画像に商品名や品番等を掲載して商品画像として完成」「商品画像を商品ページにアップロード」まで一気に行ってしまうシステムを開発したので、人員を増やすことなく売上を上げることに成功しました。

このシステム化は、今例に出した衣服のリサイクルショップさんのように複雑で世の中に存在しない場合はスクラッチ（完全にゼロベースで開発すること）によるシステム開発になります。しかし通常はＳａａＳ（Software as a Service）と呼ばれる、ベンダーが提供するクラウドサーバーにあるソフトウェアを、インターネット経由でユーザーが利用できるサービスを利用することで初期開発費用やアップグレード等の費用を負担することなく比較的安価に利用することが可能です。こういったＳａａＳを利用することで業務の効率化を実現することができます。

もう一つ、先ほど「ネガティブな固定費の変動費化」を説明しましたが「**ポジティブな固定費の変動費化**」という打ち手を説明します。

これは**固定費がかさみやすい「コールセンター部門」や「受注部門」「検品からピッキング、梱包、出荷」「商品や梱包材の在庫」等をアウトソーシング（外製化）する方法**です。たとえば、「検品からピッキング、梱包、出荷」「商品や梱包材の在庫」のアウトソーシングであれば、出荷1件あたりの費用を決めてしまえば、出荷数量が少なければ費用も少なくなりますし、出荷数量が増えれば費用も増えるという変動費化することができます。こうすることで出荷が少ないときには余計な固定費を払わなくて済みますし、出荷が多いときには人員を増やす等の固定費を増額しなくて済むことになります。

ただしこのアウトソーシングはケースバイケースで、重要な経営判断になる場合が多いのです。その意思決定の判断材料となればと考え、この後いくつかの事例を紹介させていただきます。

この意思決定には正直、正解は存在しないと思います。フレームワークを紹介しますが、どちらを選択したにしても不測の事態が発生するため、予測が不可能だからです。

「内製化」と「アウトソーシング（外製化）」意思決定フレームワーク

（1）オペレーションの観点から「**内製化**」と「**アウトソーシング（外製化）**」でどちらの方が、Quality（品質・作業の正確性）・Cost（コスト）・Delivery（納期・スピード）（QCD）が高いかを検討することで判断する。

（2）対象の業務は、自社にとって「**コア・コンピタンス**」に該当するかで判断する。

「内製化」と「アウトソーシング（外製化）」の意思決定フレームワーク事例研究

事例研究1

在庫・検品・加工作業・発送作業を伴う業務

当初内製も売上が上がるに従い、在庫・検品・加工作業・発送作業がボトルネックになってきた。そこでアウトソーシングに移行。しかし、

・実際にはオペレーションが内製のときよりもうまくいかなかった。

・お客様からの連絡で午後の注文での当日出荷希望が多発。（内製のときはできた対応が、外製だと午前中分しか当日出荷ができなかった）

【結果】内製に戻した。

・オペレーションの観点から考えて「内製化」と「アウトソーシング（外製化）」どちらが正確性・コスト・スピード（QCD）が高いか検討。

↓正確性・コスト・スピード（QCD）は内製の方が高かった。

外製は1日の出荷数に限界があり、その限界点は到底容認できる数字ではなかった。

・対象の業務は、自社にとって「コア・コンピタンス」に該当するか？

↓コア・コンピタンスでは無いが、午後の注文の即日発送というユーザーの需要が予想以上に多く、取り扱い商品が緊急性の高い商品だと気づいた。競合他社はほとんどがアウトソーシングしており、午前中の注文までしか当日出荷ができていない。内製により午後3時までの注文分の当日出荷が可能となった。お昼12時から午後3時までの3時間はこのネットショップで購入するしか当日出荷できない。これが「差別化」の一つとなり、競争優位性が高まった。

事例研究2

電話対応・在庫・出荷業務

・オペレーションの観点から考えて「内製化」と「アウトソーシング（外製化）」どちらが正確性・コスト・スピード（QCD）が高いか検討。

商品は長期在庫が可能で、常温保存も可能なため、在庫管理が容易。

商品数も少なく、オペレーションも比較的容易。売上が上がってきたため、少人数体制では残業が発生する可能性が出てきた。

↓通常の考え方では、アウトソーシングした方がボトルネックの解消になる。

【結果】内製を継続

・対象の業務は、自社にとって「コア・コンピタンス」に該当するか？

↓この会社のコア・コンピタンスは、主要原材料の製造ノウハウにある。その観点では対象業務はコア・コンピタンスとまでは言えない。しかし別の考え方として、ブランド価値を高める意味で重要な業務と言える。

経営者が商品に関する専門知識を有しており、そのノウハウについての権威なので専門家との繋がりも深い。よって会社の知見も深まり、同社の電話サポートは評判が良い。メインターゲットがシニア層のためまだまだ電話注文が多い。ユーザーは、様々な不安を抱えていることが多く、電話サポートは本当に重宝される。

夕方電話してきたユーザーに対応したあと、注文を受けた荷物を当日出荷すると、早い場合は翌日の午前中に到着する。電話相談の翌日には荷物が到着することになるためお客様に大変感謝され、ユーザーレビューも多数寄せられている。こうしたことから、現在も内製を継続している。

事例研究3
電話対応・在庫・B2B向け出荷・B2C向け出荷業務

・オペレーションの観点から考えて「内製化」と「アウトソーシング（外製化）」どちらが正確性・コスト・スピード（QCD）が高いか検討。

（1）B2Bの出荷については、小売店への発送で伝票がそれぞれ異なったり、中身の指示が店舗によって細かく異なるため、オペレーションが煩雑になり、効率化が困難。アウトソーシング先への指導の長期化が予測された。

（2）B2Cの出荷については、商品数はそれほど多くなく、同梱物も限定されているのでオペレーション的にはアウトソーシングした方がコストが軽減される。また、今後のB2C事業の成長性が予測されていたため、作業人員の増員を検討しなければならないことが予想された。

（3）B2B、B2Cともに顧客の増加が見込めたため、それにともない電話対応も増加することが予測された。そのためスタッフ数を増やさなければならず、固定費の増加が懸念された。しかし、電話してくる顧客の多くが「今、サイトを見ているのですが」という前置きをしていることから、電話対応人員を増加させるよりも「そもそも電話をさせない情報量と質」を優先させることで、電話をしなくても良いネットショップになるのではないかと着想。ネットショップ上の「よくある質問」のクオリティを上げる改修を実施することで、電話をしなくてもよい状態に持って行くことの方がホスピタリティの向上につながることに気づいた。

・対象の業務は、自社にとって「コア・コンピタンス」に該当するか？
↓コア・コンピタンスでは無い。
B2B出荷業務と、B2C出荷業務の業務内容の質は異なる。業務が簡単な方をアウトソーシングして、コスト削減を実現、業務が煩雑な方を内製化してコストを下げる努力をした方が全体のコスト削減につながることを思いつく。

B2Bはオペレーションが煩雑なため、これまで通り内製で出荷を行うことにし、人員はこれまでの人数でまかなえるよう効率化。

B2Cは、B2Bに比べオペレーションが単純なため、アウトソーシングの方が正確性・コスト・スピード（QCD）が高いと予測。

実際に、予測通り、B2Cの物流量が大きく増加し、内製だと出荷しきれなかったほどの受注があった。が、アウトソーシングしていたため、難なくさばくことができただけでなく、人員増加もせずにすみ、物流量分のコスト増ですんだ。

事例研究4
セレクトショップの在庫・検品・出荷

・オペレーションの観点から考えて「内製化」と「アウトソーシング（外製化）」どちらが正確性・コスト・スピード（QCD）が高いか検討。

(1) 顧客属性により同梱物を変えていくことを重視。ユーザーからも評判がよかったため、継続できることが前提条件だった。

(2) 商品点数が数万点あり、オペレーション的にアウトソーシングできるか疑問。

以上の理由から当初は、内製を選択。

ところが、売上が当初の数倍規模で増加。とても現状のスペースと人員では対応できないことが判明。いろいろ検討した結果、アウトソーシングを決断。

(1) に関しては、顧客属性による同梱物の変更を最小限にしてアウトソーシングに対応できるように変更。

（2）はシステム導入によって対応可能。人件費の増額分、倉庫スペース、作業スペースの増床分を全体的に考慮するとコストはアウトソーシングした方が下がると試算。

・対象の業務は、自社にとって「コア・コンピタンス」に該当するか？

セレクトショップのため、コア・コンピタンスとしては、品揃えとリピーターに対するサポートを重視。システム化によって同等のサービスが提供できると予測し、アウトソーシングに踏みきった。

【結果】数年でアウトソーシングから内製に戻した。

（1）顧客属性により同梱物を変えていく方が顧客満足度が高いことが判明。

（2）アウトソーシングから内製に戻すときに、見込みよりも相当数、多い量が外注先の倉庫から戻ってきた。外製によって正確な在庫数が認識できていなかったと判明。外製時のオペレーションの検証を行った。

この結果、在庫は目視しないと実態がつかめないことを認識。（非常に重要な指摘）

（3）アウトソーシングの際、余剰在庫の保持等の追加コストがかかりコスト減とはならなかったが、受注在庫管理システムの共有という新しいノウハウの習得ができた。内製化の際に受注管理システムを共有することで、コールセンター部署でも受注状況や在庫数量を正確に把握することが可能になった。

外製と内製を両方経験することでオペレーションについてかなり深く理解できたことは収穫。在庫が増える原因も突き止められたため、現在では安定した在庫数、出荷業務を実現。

バリューチェーン分析で「強み：差別化要素」と「弱み：ボトルネック」の浮き彫りを

先ほど紹介した「内製化」と「アウトソーシング（外製化）」の意思決定フレームワークとその事例は、「ポジティブな固定費の変動費化」という固定費と変動費という観点で「（生産性を高めるための）効率化」をどのように実現させるのか？という問いに対する具体的な解決策となります。

これまでに規模の経済（スケールメリット）を効きやすくする「打ち手」として

（1）システム化

（2）ポジティブな固定費の変動費化

を説明してきました。（2）ポジティブな固定費の変動費化では、主に受注以降の業務オペレーションのボトルネックに着目して「内製化」と「アウトソーシング（外製化）」の意思決定方法について検討してきました。

しかし自社商品を販売しているメーカーの場合、製品比較開発から原材料調達、製造といった川上のオペレーションのボトルネックも検討していく必要があります。そこで、

（3）バリューチェーン分析で「強み」と「効率化」させる場所を見つける

という方法を検討していこうと思います。

バリューチェーンという概念は、マイケル・ポーターによって提唱されました。

ポーターは、企業を分析する際、企業が提供している顧客価値を起点に、それがどのようなプロセスで価値提供に至っているのか、具体的には、価値提供に対して直接的に貢献している機能を「**購買物流**」「**製造**」「**出荷物流**」「**販売・マーケティング**」「**サービス**」という5つに、そしてその価値を間接的に支援している機能を「**全般管理**」「**人事・労務管理**」「**技術開発**」「**調達活動**」の4つに分解して考察するフレームワークを提唱しまし

た。顧客に提供しているトータルの価値から、その9つの活動の総コストを引いた値を「**マージン**」として企業が生み出している価値である、と定義しました。図4

ここでは価値の連鎖における強みとボトルネックを分析するのが狙いですので、支援活動は割愛し、主活動を本書なりにアレンジして次の6つの項目で分析していきます。図5

（1）研究開発（R&D）
（2）原料調達
（3）製造
（4）流通・配送
（5）販売・配送
（6）サポート

6つの項目において「強み」となる項目と「ボトルネック」になっている、もしくはなりそうな項目を抽出して具体化していきます。

そして「強み」を具体化することで競合他社との「差別化」を検討していきます。

「ボトルネック」を発見した場合は、その解決策を検討していきます。先ほどの「内製化」「アウトソーシング」はその解決策の検討項目となります。

では具体的に事例で説明していきます。

犬服製造販売のネットショップ「ドッグピース」さんをバリューチェーン分析してみましょう。図6

まずドッグピースさんの強みはなんといっても毎週金曜日に新商品・再入荷商品がアップされるところでしょう。これは毎週新商品が増えていくことを意味していますので、年間で52週間、毎週2商品ずつ新商品がアップされたとしても100種類以上の新商品が誕生していることになります。この圧倒的な企画力、商品開発力が強みとなっていることは売上の傾向を見ても明らかです。従ってバリューチェーンの項目としては「**研**

図4 バリューチェーン分析

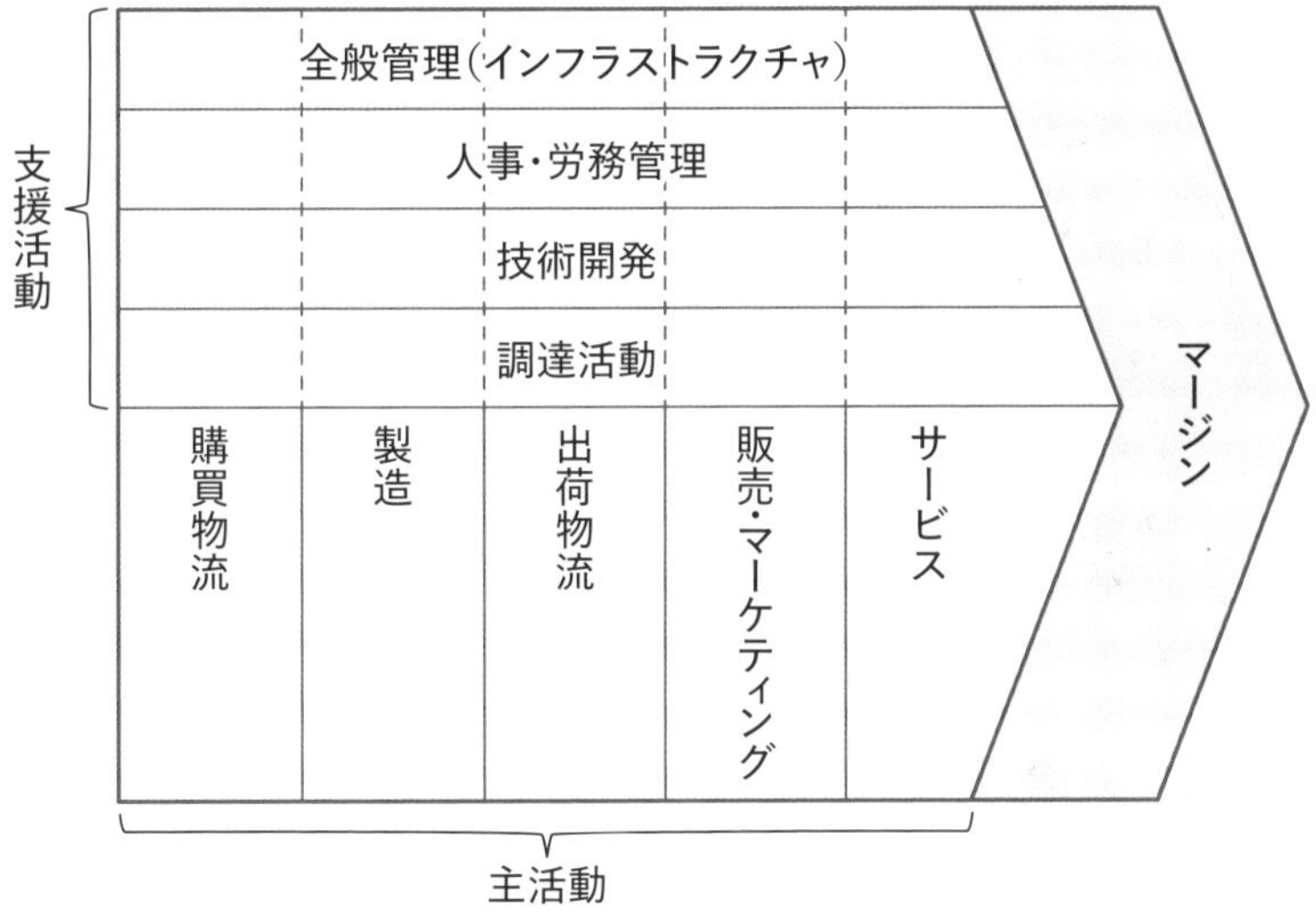

出典：マイケル・ポーター『競争優位の戦略―いかに高業績を持続させるか』（土岐 坤・訳、ダイヤモンド社、1985年12月）

図5 本書におけるバリューチェーン分析

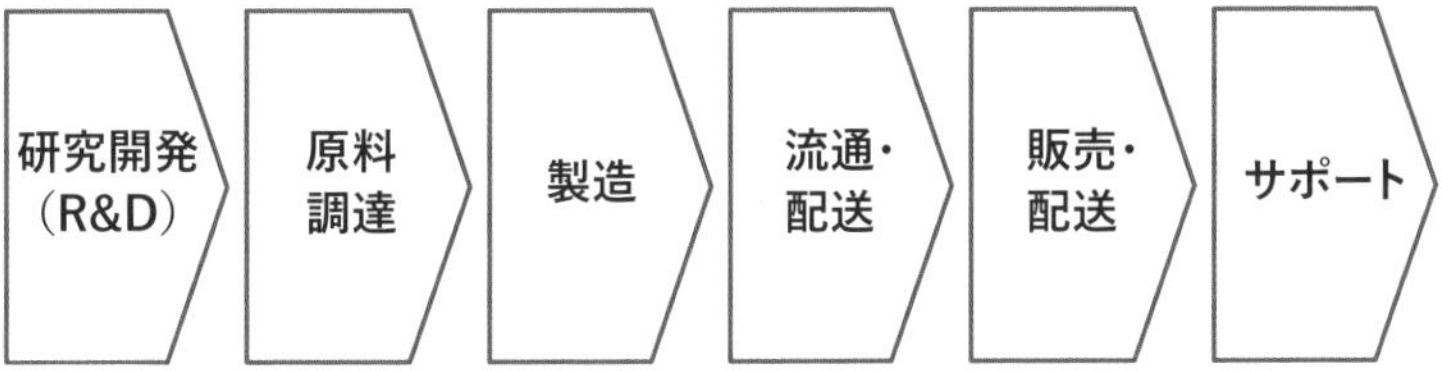

図はメーカー直販モデルを想定しています。セレクトショップのように商品を仕入れて販売する場合は「研究開発」は「市場調査・商品選定」、「原料調達」「製造」が「商品仕入」に該当します。

図6 ドッグピース
www.dogpeace.co.jp

究開発（R&D）」が強みとなります。

一方ボトルネックとしては、梱包、配送の部分はドッグピースさんの場合、むしろ強みとなっています。この部分については2章以降でさらに分析していきます。

懸念点としては、２０１９年12月に月商最高売上を更新していますので、２０２０年12月もさらにその売上を大幅に更新することが予測できます。そうなると本書執筆時点ではまだ顕在化していませんが、在庫管理の観点と製造現場のキャパシティの問題が発生することは容易に予測できます。ここを解決していく必要があるのです。図7

この強みとボトルネックを踏まえて、ドッグピースさんでは2つの新商品をリリースすることで解決することができました。

まず強みの部分を商品化したのです。それは犬服の型紙の販売です。犬服を購入するユーザーは大別して「完成品」を購入するユーザーと「手作りしたい」ユーザーの2種類に分かれるそうです。その「手作りしたい」ユーザーに向けて型紙を販売したのです。

しかも、手作りしたいユーザーの中でもさらに2つに分類できるそうです。それは生地を裁断するところから作りたいユーザーと、縫製は好きだけど生地を裁断するのは面倒くさい、というユーザーだそうです。前者のユーザーには型紙の販売で対応できます。

後者のユーザーに対しては生地を型紙に合わせて裁断するところまでを終えた手作りキットを販

図7　ドッグピースのバリューチェーン分析

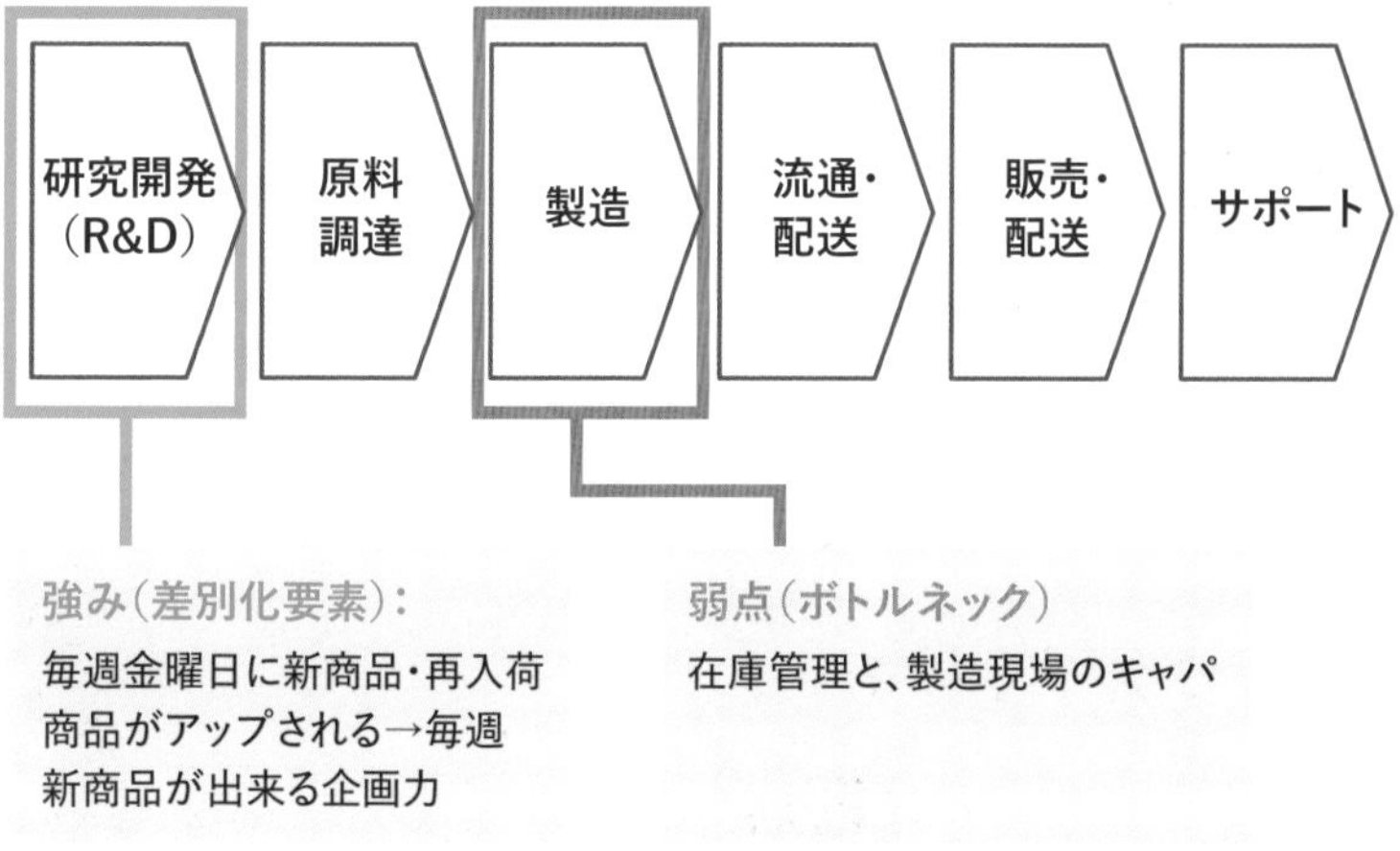
研究開発（R&D）
原料調達
製造
流通・配送
販売・配送
サポート
強み（差別化要素）：
毎週金曜日に新商品・再入荷商品がアップされる→毎週新商品が出来る企画力
弱点（ボトルネック）
在庫管理と、製造現場のキャパ

売することにしました。生地を裁断する工程はドッグピースさんにとってはお手の物ですので、全くボトルネックにはなりません。

この二つの商品をリリースしたことによって、これまで「完成品」を購入したいユーザーにしか販売できなかったのが、「手作りしたい」ユーザーにも販売することができるようになりました。しかも型紙だけの販売でしたら製造工程をすべて、生地をカットしたところまでの手作りキットの販売でも縫製工程を、つまりバリューチェーン分析における「**製造**」工程前、ボトルネック前で販売していることになります。

バリューチェーンの中の「製造」工程にお客様に参加してもらっている、お客様に手伝っていただいている、とも言えると思います。図8

このようにしてドッグピースさんは、バリューチェーン分析によって、強みの商品化、ボトルネックの解消、そして顧客層を広げることに成功したのです。

図8　ドッグピースの新商品

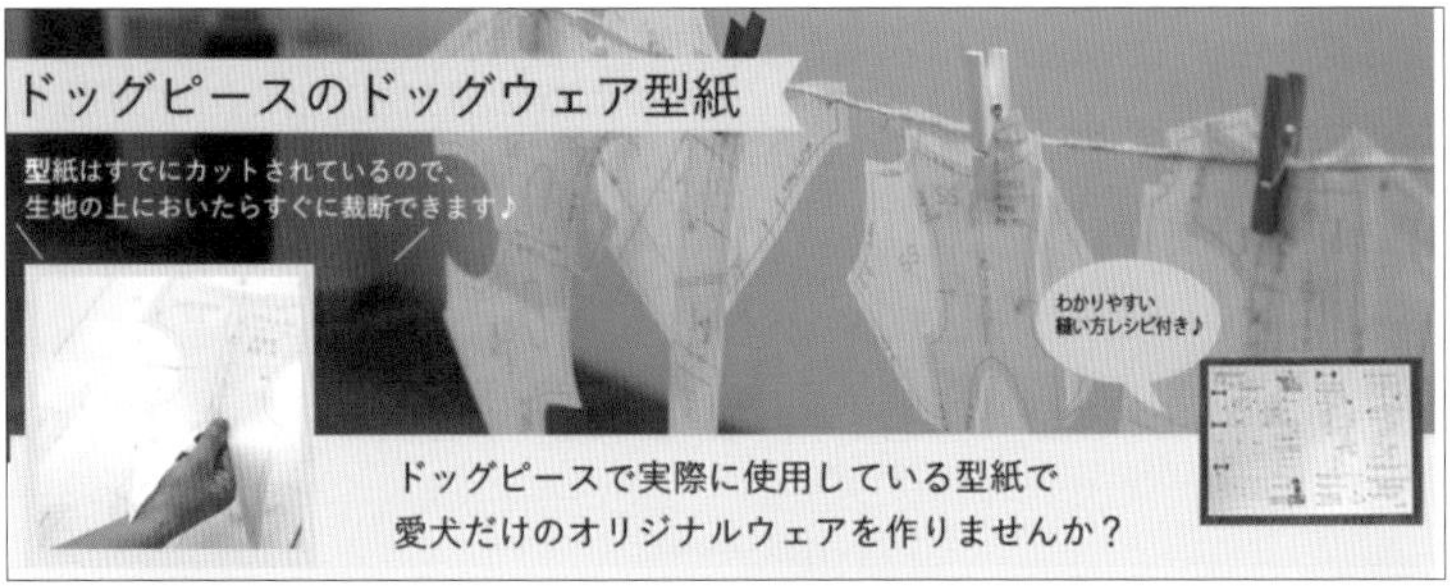

バリューチェーン分析

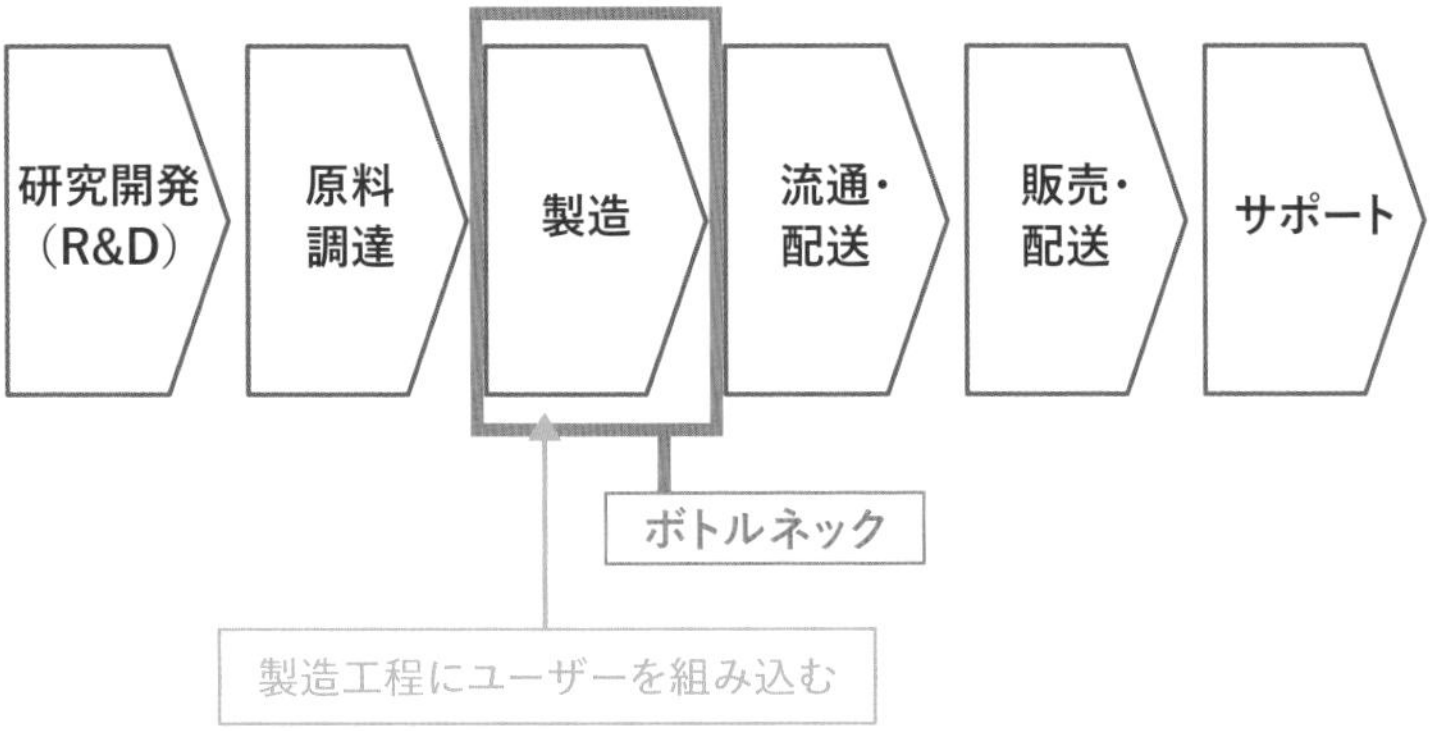

犬服の型紙販売・犬服の手作りキット

強みである犬服の企画力を活用、膨大な型紙を商品化、
またバリューチェーンの製造（組立）工程にユーザーを組み込む。

ランチェスター戦略 6つの視点とは

1章では、ランチェスター戦略第一法則と第二法則について説明させていただきました。

そして第二法則をベースにした公式「販売力＝リソース2乗×効率化」についても説明し、ネットショップにおいてリソースの一点集中と、効率化が重要な理由についても解説いたしました。

次章から、この公式をベースにした6つの視点について説明していきます。

6つの視点とは「**一点集中**」「**差別化**」「**一騎打ち**」「**局地戦**」「**接近戦**」「**陽動戦**」を指します。

2章では「商品」「市場」「ターゲット」に対するネットショップ運営の観点からの「**一点集中**」を解説いたします。

3章では「ブランド化」と「顧客インサイト」というお互いに非常に密接な関係の概念について説明しながら、ビジネス・インパクトの観点から、どこに「一点集中」したらよいのかを解説していきます。

「**ビジネス・インパクトの観点**」というのは、どこにリソースを集中させたら、ビジネスにおけるインパクト（成果の度合い）が最大になるかという観点です。たとえばSEOにおいて、月間平均検索数1000回のキーワードと1万回のキーワードでしたら、1万回のキーワードで上位表示させた方が集客力は高いことが予測されます。そしてそのキーワードの購買確率が高かったら、さらに売上が上がることが予測されます。この場合、月間平均検索数1万回のキーワードでSEOを実施した方がビジネス・インパクトは高くなります。ただ同時に、1万回のキーワードの方が競合も多いことが予想され、上位対策の難易度も高いと思われますので、検索数1万回のキーワードで検索エンジン対策を実施することで本当に成果が出るかどうかを予想することになります。

ビジネス・インパクトの観点は、このように経営判断上極めて重要な意思決定であることが理解できると思います。ですから、「一点集中」は自社における経営戦略上重要な意思決定である、という観点から、本書では「**3C分析**」における「**自社戦略**」のセグメントとして解説していきます。

4章では「差別化」「一騎打ち」「局地戦」「接近戦」「陽動戦」について説明していきます。

「**局地戦**」と「**接近戦**」は、通常の実店舗運営やリアルの営業戦略においては、セグメンテーションとターゲティングの観点（つまり「顧客戦略」）と密接な関係がありますし、競合他社より優位な戦いをしていくという観点では「競争戦略」とも関係性があります。さらに、自社のリソースをどの地域に集中させるかという観点では自社（リソース）戦略とも言えると思います。

しかし本書では、「局地戦」をインターネットにおける地域セグメントや時間セグメントをうまく活用することで効果的に顧客獲得を実現する、という観点から、「接近戦」もリスト集客の観点と商品や店舗の露出を高めることによるマインドシェアとブランド化の観点から、「**顧客戦略**」にセグメントして説明します。

「**一騎打ち**」については、専門店化することで「E-A-T」的にSEOで競争優位性を実現させる方法を説明します。

「**差別化**」についてはバリューチェーン分析を活用して、自社の他社に対する競争優位性を発見する方法について説明しています。

「**陽動戦**」は自社の成功要因を他社に悟られないようにネットショップ運営していく方法について説明しています。

この観点から「一騎打ち」「差別化」「陽動戦」については「**競争戦略**」にセグメントして説明をさせていただきます。

図9　「ランチェスター戦略6つの視点」の概念図

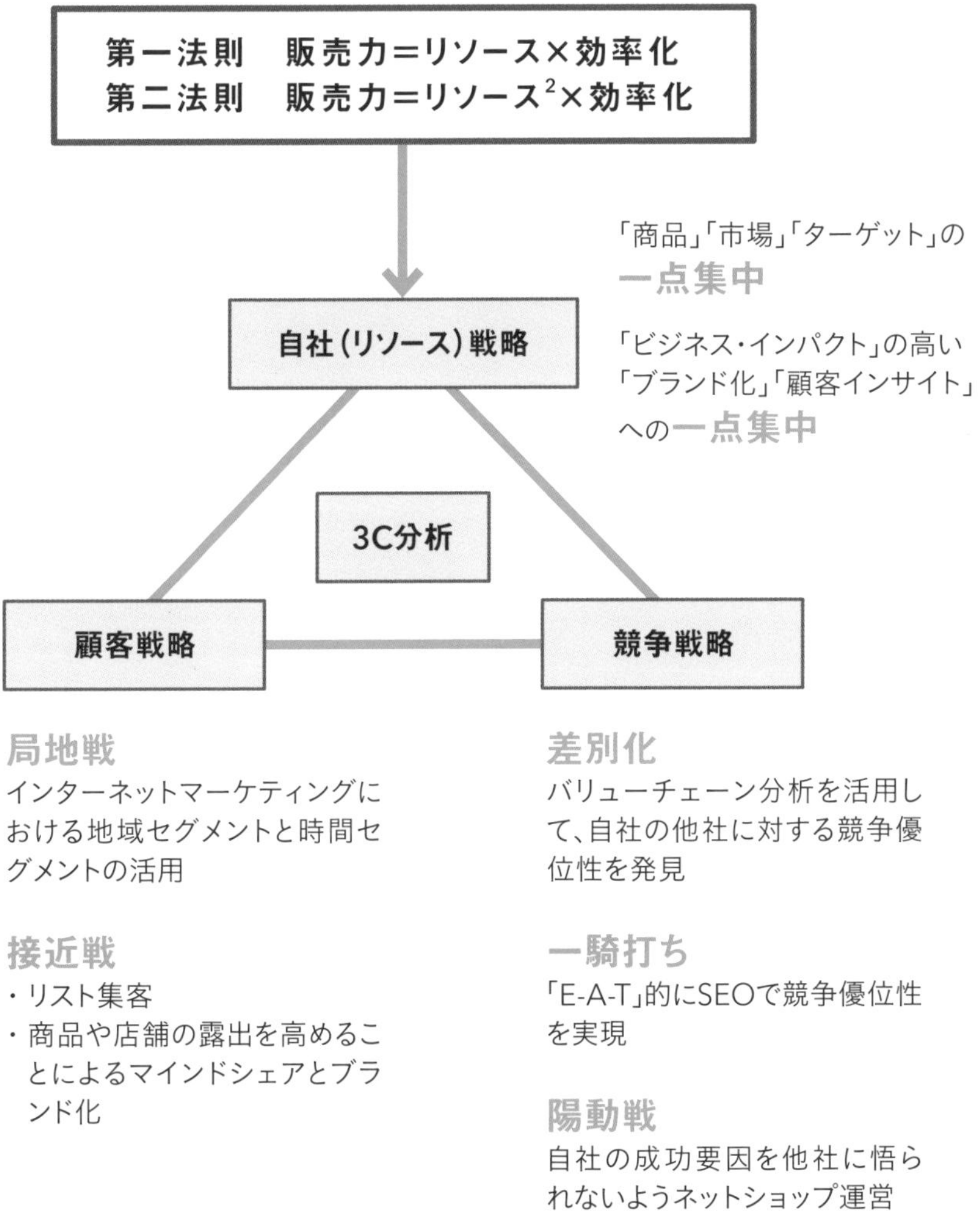
第一法則　販売力＝リソース×効率化
第二法則　販売力＝リソース²×効率化
「商品」「市場」「ターゲット」の
一点集中
自社（リソース）戦略
「ビジネス・インパクト」の高い
「ブランド化」「顧客インサイト」
への一点集中
3C分析
顧客戦略
競争戦略
局地戦
インターネットマーケティングにおける地域セグメントと時間セグメントの活用
接近戦
・リスト集客
・商品や店舗の露出を高めることによるマインドシェアとブランド化
差別化
バリューチェーン分析を活用して、自社の他社に対する競争優位性を発見
一騎打ち
「E-A-T」的にSEOで競争優位性を実現
陽動戦
自社の成功要因を他社に悟られないようネットショップ運営

CHAPTER 2

一点集中

ランチェスター戦略 6つの視点

(1) 一点集中

この章では「**一点集中**」について説明します。

一点集中には下記の3つの視点があります。

まず最初に**商品の一点集中**を説明します。

ネットショップの、たとえばトップページを想定してください。売上を上げようと思ったとき、どちらの商品掲載方法を選びますか？

(1) できるだけたくさんの商品を掲載してたくさんの中から選んでもらう。

(2) できるだけ商品を絞り込んで掲載する。

商品の一点集中の説明ですから、(2) をここではおすすめする訳ですが、実際にビフォーアフターのトップページ画像をご覧ください。図1

一点集中の3つの視点

1. 商品の一点集中
2. 市場の絞り込み（一点集中）
3. ターゲットの一点集中

図1 商品の一点集中

Before

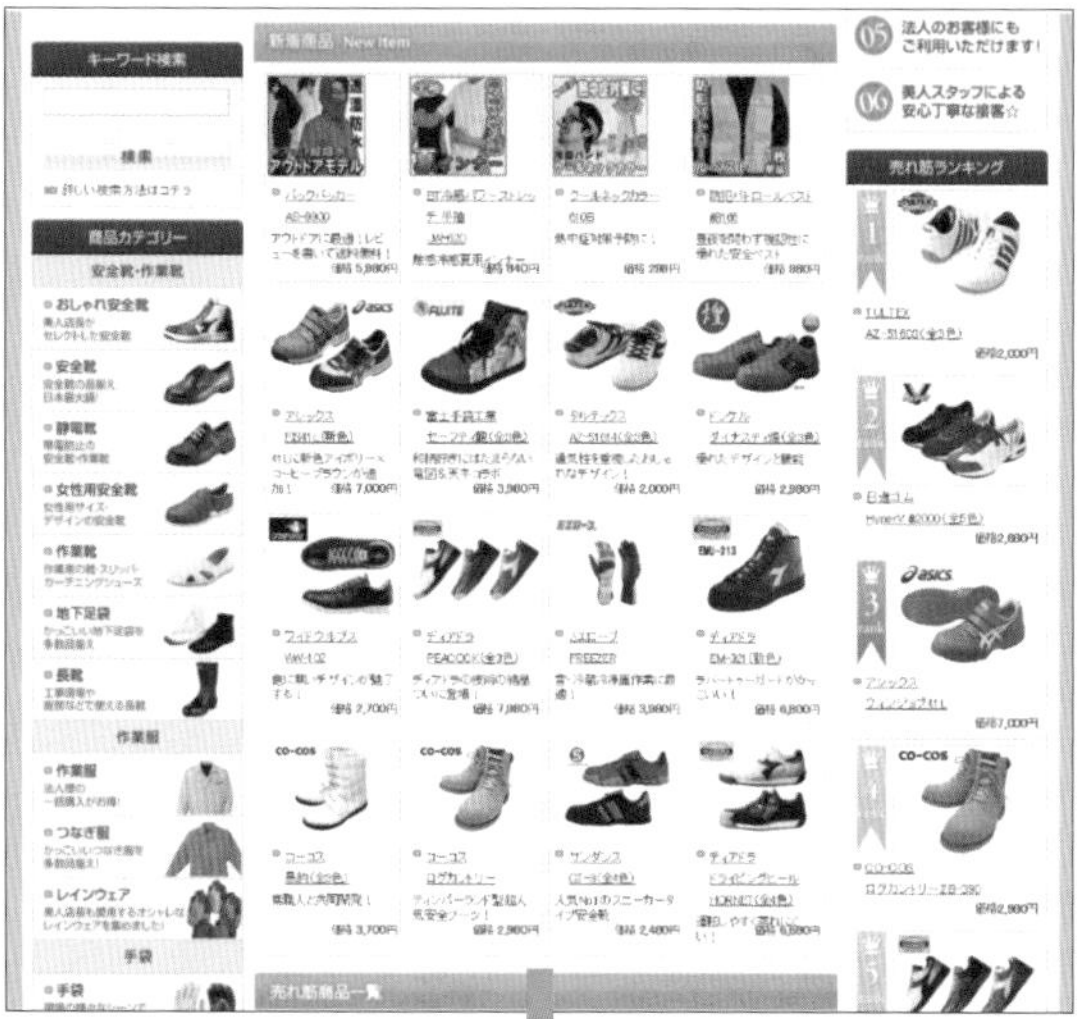

After

ワークストリート　www.work-street.jp
ビフォーは32商品が掲載されているが、アフターは安全靴3商品のみ。商品の集中が促進されている。

ワークストリートさんという安全靴、作業服、レインコート等のセレクトショップです。ビフォー画像がPCページのキャプチャしか残っていなかったので、PCサイトのトップでの比較となりますが、ビフォーは、トップページの看板部分のすぐ下の画像となります。このスペースに32商品が掲載されています。

一方アフター、ネットショップの改修後になります。ビフォーと同じ位置、同じ面積のスペースにはたった3つの商品のバナーしかありません。32商品対3商品。掲載商品数は1／10以下となります。

ビフォーの時には、これといって極端に売上の高い商品は存在せず、どの商品も少しずつ満遍なく売れている状態でした。ワークストリートさんとしては、いろいろな商品が売れている状態はセレクトショップとして健全な状態だと思っていたかもしれません。

しかし、アフターのページに改修したあと、一番上にあるバナーのオリジナル安全靴「チャーリーワークス」が安全靴750種類の内、一番売上の高い商品となりました。

全体の月商はビフォーに比べて、アフターの方が5倍以上の月商になっています。

この成果は第5章「売上高構成比率とキー・プロダクト」で定量的に説明します。

このように特定の商品の露出を高めて販売していき、特定の商品の売上を上げていくのが最も月商や、ひいては年商を押し上げる効果が高いのですが、それではどのような商品の露出を高めていけばよいのでしょうか？

そのカギとなるノウハウが「**集客商品と本命商品**」という概念です。

ここで前著『SEOに強い！ネットショップの教科書』でも紹介しましたが、アップデートしたので改めて集客商品・本命商品選定フレームワークを掲載します（次ページから）。

集客商品・本命商品選定フレームワーク（アップデート版）

（1）型番品名検索型店舗の場合は、**「集客商品」**購買確率が高く、ミドルレンジ（月間平均検索数3000回〜5000回程度）以上の集客力を持つターゲットキーワードを内包している商品、**「本命商品」**一番売りたい商品で集客キーワードを持たない商品（2回目に購入してもらいたい商品、主にオリジナルブランド等の商品）

（2）集客商品＝本命商品↓**「一点集中商品」**（本命商品の内包しているキーワードが購買確率が高く、ミドルレンジ以上の集客力を持っている場合）

（3）美容、健康系のショップさんの場合、定期購入に誘導していく、もしくは本セットへの誘導をする場合、一週間程度の「お試しセット」を集客商品、定期購入や本セットへの誘導を本命商品に設定。

※このあと事例で紹介する「純炭粉末公式専門店」さんは、本来（3）型、「お試しセット」→「確認セット」→「定期購入」だと思われていたのですが、（8）型だったのかもしれません。

（4）ギフト系ショップの場合は「出産祝い」「母の日」「敬老の日」「内祝い」等ギフトキーワードは広告運用してもクリック単価が高く、競合が大手百貨店や大手ギフト通販ショップのことが多くSEOでも上がりにくい。なのでギフトイベントで提案する商品の「商品名」で購買確率が高く、集客力の高いキーワードでSEO、リスティング広告の運用を行う。

（5）型番品名検索型セレクトショップの場合は、カテゴリごとに集客商品、本命商品を設定して、集客商品はたとえば価格訴求ができる売れ筋ランキング一位商品をトップページのファーストビューに掲載するようにする。本命商品は、オリジナル商品に設定する。集客商品と本命商品とで共通する購買確率の高い集客力のあるカテゴリキーワードがあるのが理想型。たとえばワークストリートさんの「安全靴」でオリジナル安全靴「チャーリーワークス」へ誘導する。

（6）グルメ・スイーツ系や、初心者が圧倒的に多い趣味性の高い商品の場合、たとえば沖縄の三線や、男着物といったジャンルの場合は「お試しセット」「初心者トライアルセット」といったエントリー商品を用意。「本命商品」は中級→上級のように多段階で引き上げることも可能。また高額品**「ラッキー商品」**への誘導も期待できる。「ラッキー商品」は、あえてトップページに掲載することで売れる場合も多く、ラッキー商品＝高額商品を見せることで、少し高めの商品が店舗内で相対的に安く見えるため客単価が上がるケースも散見される。

（7）季節ごとの商材の場合は、季節ごとに可能であれば「集客商品」「本命商品」を設定。たとえば季節の果物を販売している場合、マンゴーお試しセットが集客商品、マンゴーのギフトセットが本命商品になる。季節のフルーツを使ったスイーツも同様で、その場合は、季節限定商品にすることで「締切」を設定することができるので、メルマガで訴求することも可能。

（8）専門店の場合はその専門カテゴリに購買確率が高く、ミドルレンジ以上の集客力を持つターゲットキーワードがある場合、そのキーワードで来訪した新規ユーザーに一押しできる商品となる。たとえば剣道ショップの場合、集客商品は「竹刀」、本命商品は「剣道防具」になる。ちなみに剣道防具は月間平均検索数は2万回あるので、集客一点集中商品の役割も果たしている。商品名やブランド名、店舗名の検索数が多い場合もこのカテゴリに入る。

（9）専門カテゴリが複数存在する場合は、専門カテゴリごとに集客商品、本命商品を選定。武道具総合専門店の場合、「剣道」「柔道」「居合道」「合気道」等カテゴリ間の回遊が全く起こらない場合は、それぞれのカテゴリで集客商品、本命商品を設定する。

事例❶ 純炭粉末公式専門店さん

炭のサプリ「きよら」を製造・販売している純炭粉末公式専門店さんの事例を紹介します。

このネットショップは初めて来店したユーザーには「1週間分お試しサイズ」2980円をオススメしています。1週間サプリを試してもらい、気に入ってもらえたら次は「検査前1ヶ月集中対策セット」1万2960円をオススメしています。

1ヶ月間で効果を実感できた方には、よりお得な「定期購入」へとステップアップしていただく仕組みになっています。

このときの「1週間分お試しサイズ」を初めての方向け、ということで「集客商品」、そのあとにオススメしている「検査前1ヶ月集中対策セット」を2回目に購入してもらう商品ということで「本命商品」と設定しました。

フレームワークの**（3）美容、健康系のショップさん集客商品→定期購入への誘導タイプ**が該当していると考えたのです。

しかし、このあと集客商品の効果測定を行ったところ、集客商品が思ったほど集客効果を持っていないことに気がつきます。そのため「集客商品」→「本命商品」の動線がうまく機能していませんでした。それよりも気になったのは、「集客商品」→「本命商品」の後にステップアップしてもらう設計にしていた「定期購入」へ初回から申し込む人が予想以上に多かったのです。そこでもしかしたら最初から一番割引率が高いので、どうせ毎日飲むなら一番安い定期購入に最初から申し込むのではないか？と仮説を立てて、トップページの設計を大きく変更、定期購入をトップに設置しました。図2

すると予測通り定期購入の新規申し込みが2倍以上になりました。これは集客商品、本命商品の設計の難しさを表しているとともに、ページにおけるバナーの位置の違いで売上が変わることを改めて認識させられる事例となりました。

図2 純炭粉末公式専門店

juntan.net

Before

After

一番売りたい商品を上部に持ってくることで売上は変化する
(定期の新規が増加した)

事例2 肉のスズキヤさん

今のは非常にわかりやすい「集客商品」「本命商品」の事例だったと思います。

もう一つ別の「集客商品」「本命商品」の選定パターンを紹介します。

南信州、長野県飯田市に遠山郷という場所があります。そこでジビエやラム肉、マトン等を中心に製造販売している「肉のスズキヤ」さんの事例です。図3

基本的にはグルメ・スイーツ系の**（6）の「お試しセット」を集客商品に、遠山ジビエセットを本命商品**に設定しています。

しかし、実際には「鹿肉」「猪肉」「ボタン鍋セット」「熊肉」「遠山ジンギス」といったところが売れていました。実はこれには理由があります。

「鹿肉」月間平均検索数1万4800回
「猪肉」月間平均検索数1万2100回
「熊肉」月間平均検索数5400回
「マトン」月間平均検索数1万4800回

と軒並み「畜種」「肉種」キーワードがビッグキーワード（月間平均検索数1万回以上）となっているのです。

肉のスズキヤさんはSEOも強く、

「鹿肉」月間平均検索数1万4800回：4位
「猪肉」月間平均検索数1万2100回：3位
「熊肉」月間平均検索数5400回：1位
「マトン」月間平均検索数1万4800回：5位

とすべてのキーワードで5位以内、「熊肉」にいたっては1位となっているのです。

そのためこれらのキーワードからの流入が多いため、トップページのお試しセットがあまり機能していないのです。

またメールマガジンからの流入、購入も多く、売上高メルマガ構成比率は19・40%～25・18%と高いのです。

そこで**（1）の型番品名検索型店舗のパターン**を採用することにして、「肉種」キーワードで集客、肉のスズキヤさんのお得なおまとめセット、たとえば「遠山ジビエBBQセット」や「南信州のチカラめし・ジンギス満喫7点セット」といったオリジナル商品のセットに誘導しています。図3

図3 **肉のスズキヤ**
jingisu.com

「集客商品」「本命商品」の設計と「常連化曲線」

純炭粉末公式専門店さんの場合、集客商品を1回目購入商品、本命商品を2回目購入商品と当初設定しました。その後1回目商品を「定期購入」にしたほうが効率良いのではないかという疑問が投げかけられ、テストマーケティングしたところ良い数字が出たので、そのままトップに定期購入バナーを継続設置しました。

肉のスズキヤさんの場合も、当初はグルメ・スイーツ系の店舗のセオリー通り、おためしセットを集客商品として1回目に購入してもらい、2回目に「遠山ジビエBBQセット」「遠山ジンギスセット」等「本命商品」を購入してもらう流れを設計していましたが、SEOが強くなったために、集客商品をそれぞれの肉種・畜種キーワードの関連商品に変更しました。この辺の集客商品（1回目購入商品）、本命商品（2回目購入商品）の設計には細心の注意を払っています。それには理由があります。

次ページのグラフは飲食店の予約管理システムを提供している「トレタ」という会社が保有しているデータである「**常連化曲線**」です。図4

この常連化曲線によると、初来店したユーザーは平均10・6％しかリピート利用しないというショッキングな結果が提示されています。しかし2回目に来店したユーザーが3回目来店するリピート率は32・3％と一気に上昇しているのが見て取れます。その後は48・1％、58・4％と二次曲線を描くように来店率が上がっていきます。

このデータから、リピーターを獲得するためにもっとも重要なのは初めて来店したユーザーにいかに2回目を利用してもらうか？という1点に集中することがわかると思います。実はこのデータは飲食店に留まらず、ネットショップでも同様だ

図4 飲食店のリピート常連化曲線

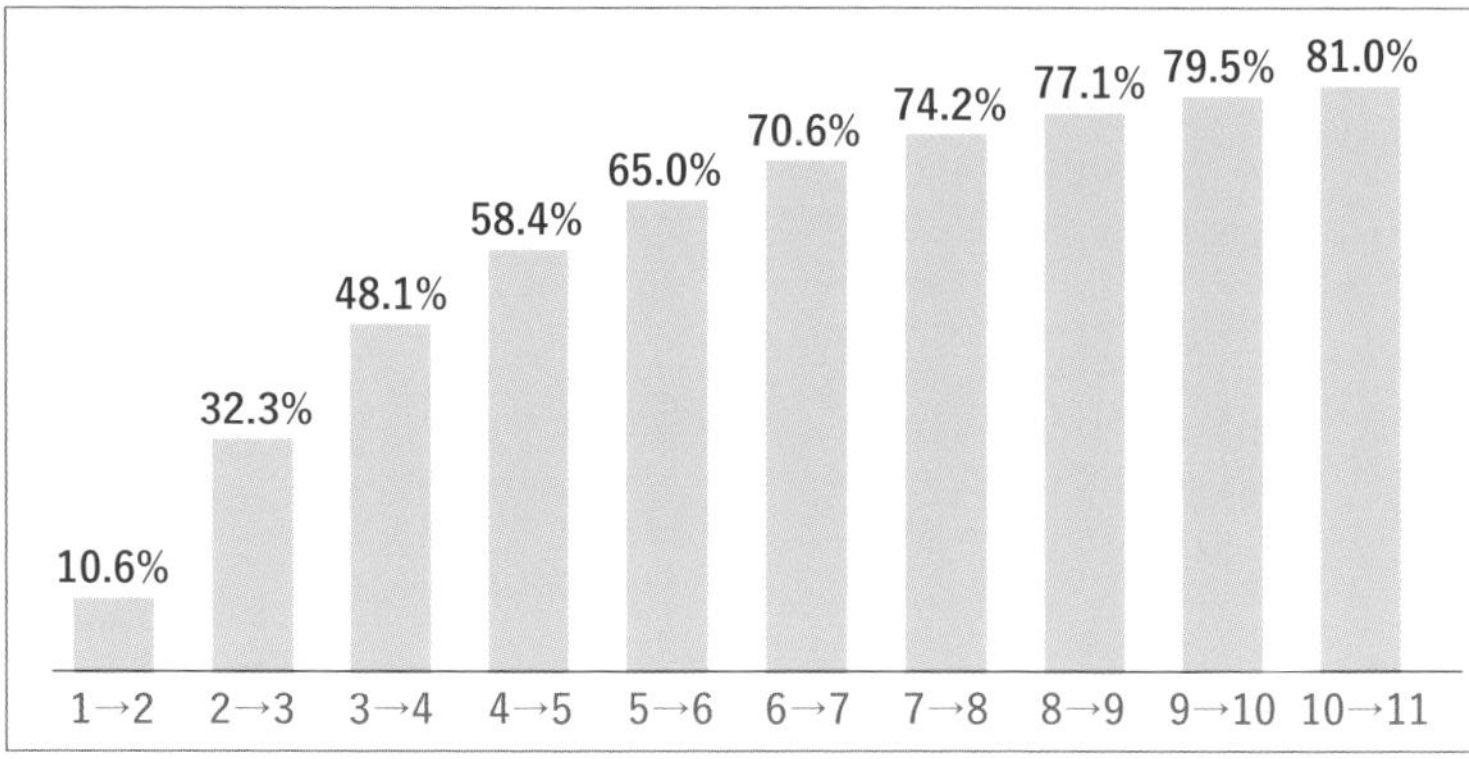

飲食店の常連化曲線を見ても、1回目から2回目のリピート率が極端に低いことがわかります。リピーター獲得には初回購入顧客にいかに2回目を購入してもらうかがポイントになるため、2回目に購入してもらう商品を「本命商品」として明確に提案することが重要となります。

と考えています。

初めて来店したユーザーには何を購入してもらったよいのか？

2回目に来店したユーザーには何を購入してもらったらよいのか？

をしっかりと設計しておくことが重要だということです。

ここを設計せずに「どうぞご自由にお選びください」というスタンスでネットショップを設計してしまうと、選びにくいショップになってしまい、まずは初回購入者の転換率が下がり、さらに二回目のお客様がなにを買ったよいか？を設計しておかないとリピート率が下がってしまう、ということが常連化曲線からもご理解いただけると思います。

検索エンジンで検索するときのユーザーの3つの意図

ここまでお伝えしてきましたが、ネットショップ運営の場合、市場の絞り込み（一点集中）にはキーワードの役割が極めて重要であることがわかると思います。

ここからはキーワードによる検索エンジン市場分析について説明していきます。

まずは前提情報として「**検索意図（目的）**」についておさらいしておきます。ユーザーが検索エンジンを使って検索するときの意図（目的）は大きく下の3種類に分類されます。

(1) インフォメーション（情報収集）

たとえば「ネクタイの結び方」や「包丁の研ぎ方」「南アフリカワインの歴史」「カスタードプリン レシピ」等、情報を得たり、知識を増やした

ユーザーの検索意図（目的）

1. インフォメーション（情報収集）
2. ナビゲーション
（特定のサイトを探したい・案内）
3. トランザクション
（購入・問い合わせ・予約）

い、などが検索意図（目的）となります。検索した結果、ウィキペディアを訪問するケースもこの検索意図（目的）が多いと予測されます。

（2）ナビゲーション（特定のサイトを探したい・案内）

特定のサイト、ウェブページを見つけたいと思っている検索意図（目的）のキーワードとなります。例えば「楽天市場」「近くのスタバ」「フェイスブック」「ネットフリックス」といったアクセスしたいページやサイトが特定されている検索クエリ（キーワード）となります。

（3）トランザクション（購入・問い合わせ・予約）

商品を購入したい、サービスを利用したい、申し込みたい、服などを買い取ってもらいたい、といったネットショップが最も重視したい検索意図（目的）となります。

例えば「アイフォーン11ケース通販」「チーズケーキお取り寄せ」「鉄回収」といった「通販」「お取り寄せ」といった具体的な購買行動を伴った検索クエリ（キーワード）となります。ここで重要なことはビッグキーワード単体とビッグキーワード＋行動キーワードでは検索意図（目的）が異なる、ということです。

たとえば「チーズケーキ」（ビッグキーワード単体）というキーワードのSERP（検索結果画面）を調査してみると、レシピサイトやレシピ動画サイトばかりが上位を占めています。これはネットショップにおいては悪い知らせで、チーズケーキというキーワードは月間7万4000回検索されているにも関わらず購買確率が低いことを意味しています。ところが「チーズケーキ お取り寄せ」（ビッグキーワード＋行動キーワード）だとチーズケーキを取り寄せて（購買して）食べたい、もしくは相手に贈りたい、という検索目的に変化します。

ネットショップ運営の場合は「トランザクション（購入・問い合わせ・予約）」ユーザーを集客するクエリ（キーワード）を判断する必要があります。

キーワードによる検索エンジン市場分析フレームワーク

・月間平均検索数
・購買確率
・競合調査

キーワードによる検索エンジン市場分析

前ページに、クエリ（キーワード）を判断して検索エンジン市場を分析するためのフレームワークを提示しました。

月間平均検索数

月間平均検索数では、キーワードは、便宜上、検索ボリューム（どのくらいの回数ユーザーに検索されているか。月間平均検索数で評価することが多い）によって次の3種類に分類することにします。

- **ビッグキーワード（月間平均検索数1万回以上）**
- **スモールキーワード（月間平均検索数1000回未満）**
- **ミドルキーワード（ビッグキーワードとスモールキーワードの中間。3000〜5000回程度の月間平均検索数の場合が多い）**

具体的なキーワードで説明します。

「ドレス」というキーワードは、月間11万回検索されているビッグキーワードです。

「結婚式ドレス30代」は月間5400回検索されているミドルキーワードです。

「パーティードレス紫」というキーワードは880回検索されているスモールキーワードです。

調査方法は、**キーワードプランナー**を使うのが一般的です。このツールはグーグル広告の管理画面からアクセスして使用することができます。

ただし、アカウントを取得しただけでは月間平均検索数は概算の数字しか表示されません。細かい数字を確認するためには実際に広告費を入金して広告を運用する必要があります。キーワードプランナーは自分が予測したキーワードの月間平均検索数を表示してくれるだけではありません。広告運用サポートツールなので、指定したキーワードを元にした「キーワード候補」も提示してくれるので、ターゲットキーワード調査にはとても便利です。図5

図5 キーワードプランナーの画面

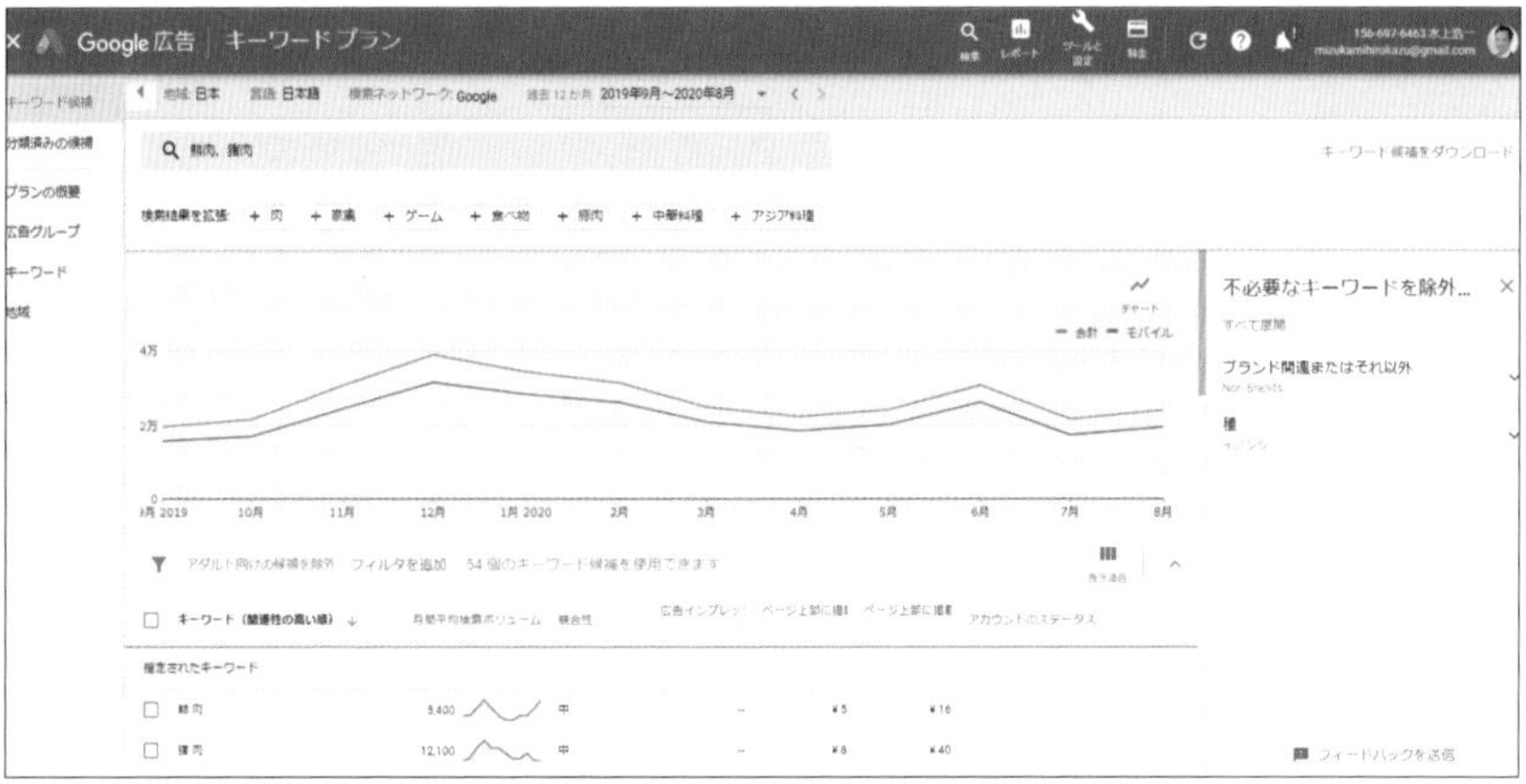

購買確率

購買確率について分析する方法は極めてシンプルです。実際に検索をしてみて検索結果画面（SERP：Search Engine Result Page）を閲覧するだけで可能です。しかも1ページ目だけで、ある程度判断可能です。

検索結果画面（SERP）で見る点は次の6つになります。

（1）自然検索の1位～10位までで販売サイトが5つ以上（半分以上）**インデックスされているか？**

（2）検索連動型広告（リスティング広告）**が掲載されているか？**

（3）グーグルショッピング広告が表示されているか？

（4）楽天市場やアマゾンといったモールや大規模ネットショップがインデックスされているか？

（5）ウィキペディアがインデックスされている

か？　されているとすれば何位にいるか？　その他、販売サイト以外でインデックスされているサイトはどんなサイトか？

（6）購買確率が高いと判断した場合、インデックスされている競合サイトの知名度や権威性、専門性、信頼性、つまり「E-A-T」を推測。

検索エンジンの検索結果は、簡単に申し上げると「人気ランキング」ですので、人気の順に検索結果に表示されます。人気順ということは、そのキーワードで検索した**ユーザーの「検索意図（目的）」のランキング**と言い換えることもできます。

ネットショップ運営者の場合、「購買確率」の高いキーワードで検索したユーザーを獲得したいので、検索結果に販売サイトが多く掲載されているキーワードで検索しているユーザーを集客したい訳です。その検索結果画面（SERP）で販売サイトが5つ以上（半分以上）インデックスされている、という条件になります。

検索連動型広告（リスティング広告）が掲載されているキーワードの検索結果画面（SERP）も有望です。それだけ競合のネットショップが狙いをつけているキーワードだからです。ただし、広告がMAXで表示されている場合は競争が激しいことが予想できるので注意が必要です。

グーグルショッピング広告が表示されているキーワードの検索結果画面（SERP）も有望です。グーグルショッピング広告はアルゴリズムで「このキーワードの検索結果で広告を表示させると買ってもらえる確率が高そうだ」と判断した場合に表示されるので、グーグルのお墨付きをいただいている購買確率の高いキーワードと予想できます。しかし、たまにランキングにはあまり販売サイトがインデックスされていないケースもありますので、必ずランキングをチェックしてから判断するようにしましょう。

トップ10に楽天市場やアマゾン、その他モールや大規模ネットショップがインデックスされている場合も購買確率が高いと判断できるので有望です。

反対にウィキペディアがインデックスされているときは注意が必要です。ウィキペディアは基本調べ物をする時に利用するサイトですので、上位にインデックスされている場合、そのキーワードは調べるために検索していることが推測され、購買確率は低い可能性があります。ただし、その他のインデックスされているサイトを調査して最終的には判断します。その他、まとめサイトや情報サイト、ネットショップのコンテンツページやブログがインデックスされている場合は、それらのコンテンツを分析して判断します。

競合調査

競合調査については、前ページで説明した6つの視点の（6）を使います。

インデックスされているサイト、企業の知名度、知名度や権威性、専門性、信頼性、つまり「**E-A-T**」を推測して、このトップ10に割り込めるかどうかを判断します。

この判断についてもランチェスター戦略6つの視点「**一騎打ち**」を使うことで大手サイトやモールにも負けない可能性があります。詳細は後ほどお伝えします。

キーワードによる検索エンジン市場分析の事例

「ドレス」月間平均検索数11万回
「結婚式ドレス30代」月間平均検索数５４００回
「パーティードレス紫」月間平均検索数７２０回

実際に先ほどの事例で掲載したキーワードでこの調査・分析を行ってみましょう。

まずは「ドレス」の検索結果画面（SERP）を分析します。図6

図6 「ドレス」の検索結果画面（SERP）

1位のZOZOTOWNをはじめ、楽天市場、SHOPLIST、BUYMA、auPAYマーケット―Wowma！等のモールが軒並みインデックスされています。その合間にドレスの専門店も1件インデックスされています。10インデックスすべて販売サイトですのでこの観点で「購買確率」は高そうです。広告は検索するタイミングで表示されたりされなかったりしますが、リスティング広告は掲載されている場合が多いのでこちらもクリアしています。

グーグルショッピング広告が表示されたときにその掲載商品を分析してみました。

ミニドレスからイブニングドレスロングドレス、ワンピースドレス、キャバドレスまで幅広く掲載されているのがわかります。

これらはすべてドレスのカテゴリではありますが、それぞれのカテゴリで顧客属性が全く違い、顧客属性に応じて選択するドレスのカテゴリが異なることが予想されます。

そのため様々なカテゴリのドレスを総合的に品揃えしているモールが9／10インデックスされているのは納得できます。逆に言うと専門店がインデックスされたとしても、顧客属性に応じて選択するドレスのカテゴリが異なるため、転換率が低くなることが予測されます。

次に「結婚式ドレス30代」の検索結果画面（SERP）を分析します。図7 （次ページ）

楽天市場が2位にインデックスされていたり、auPAYマーケット―Wowma！もインデックスされています。

しかし、インデックスされているページが「コーディネート事例」だったり「結婚式に着ていくドレスのマナー」といったノウハウが記載されているページが目立ちます。さらに「レンタルドレス」サイトもインデックスされています。販売サイトとレンタルサイトという異なるビジネスが競合となっていますので、インデックスをとりたいキーワードではありますが、購買確率は低い

図7 「結婚式ドレス30代」の検索結果画面（SERP）

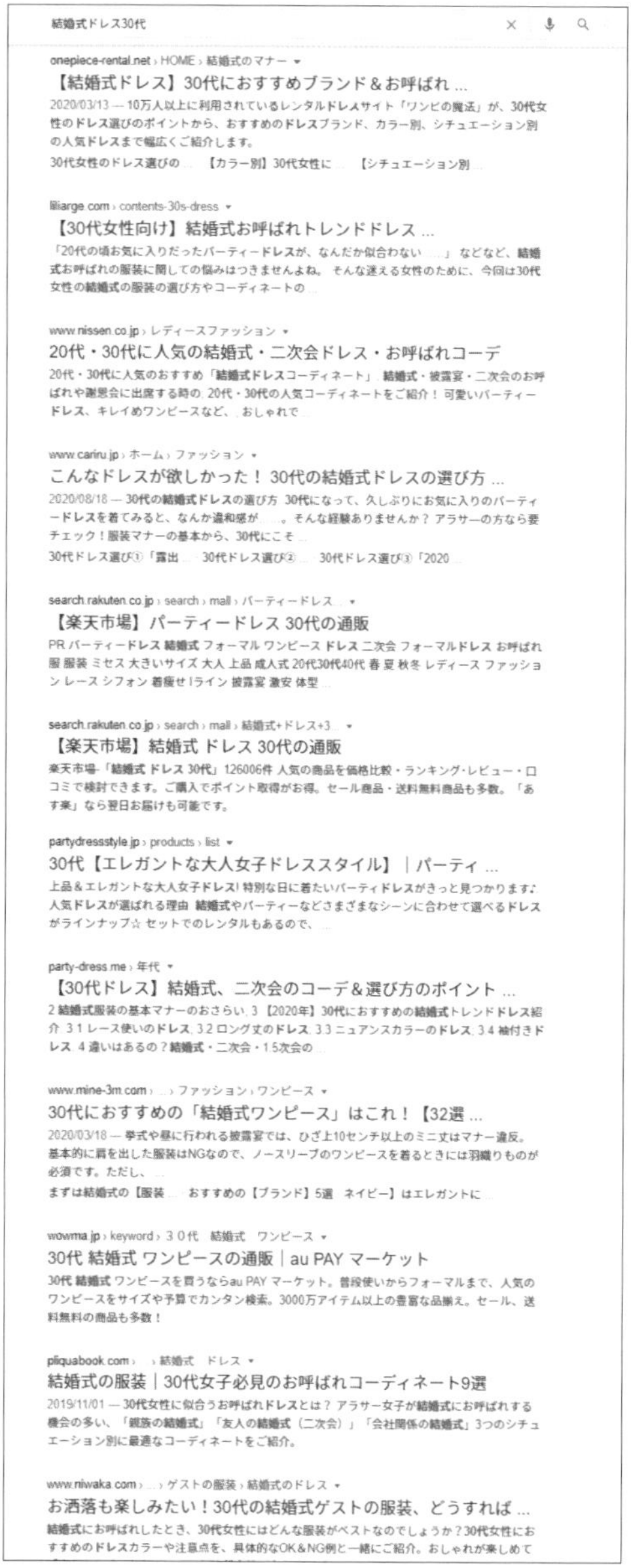

ことが予測されますので、ネットショップのSEOとしては、コンテンツページで勝負しながら商品ページへ誘導する、という戦術になると思います。

最後に「パーティードレス紫」の検索結果画面（SERP）を分析します。図8（次ページ）

こちらは画像検索結果がファーストビューに掲載されていたり、WEARがインデックスされていることから、紫色のパーティードレスの画像を見たいユーザーの検索意図が見て取れます。しかし、ZOZOTOWNが1位、楽天市場が2位であることから、購入目的の検索意図が予測できます。画像検索の画像にはブライズメイド（花嫁のサポート役、新婦の付き添い人、立会人として、結婚式で花嫁の側に立つ女性たち）が着用するドレスも掲載されているので、若干顧客属性に応じて選択するドレスのカテゴリが異なる可能性はあります。

しかし、インデックスされているページはいずれも「紫色のパーティードレス」を販売しているサイトになりますので月間平均検索数は少ないものの購買確率は高そうです。

図8 「パーティードレス紫」の検索結果画面（SERP）

パーティードレス紫
zozo.jp › category › onepiece › dress
ドレス（パープル/紫色系）ファッション通販 - ZOZOTOWN
ドレス（パープル/紫色系）を購入することができます。割引クーポン毎日配布中！即日配送（一部 ... ¥17,820. Fashion Letter（ファッションレター）の「襟ボウタイレース 結婚式ワンピース パーティードレス. 10. Fashion Letter. ¥14,850.
パーティードレス紫 の画像検索結果
mercari
式二次会
結婚式
ロングドレス
ミニドレス
式お呼ばれ
画像を報告
すべて表示
search.rakuten.co.jp › ... › レディースファッション
【楽天市場】パープル 紫（ドレスの種類パーティードレス ...
楽天市場-「パープル 紫（ドレスの種類パーティードレス）」（ドレス<レディースファッション）9539件 人気の商品を価格比較・ランキング・レビュー・口コミで検討できます。ご購入でポイント取得がお得。セール商品・送料無料商品も
search.rakuten.co.jp › ... › レディースファッション
【楽天市場】パープル（ドレスの種類パーティードレス ...
【Fashion the Sale 限定 30%オフ】ワンピース ロング レース 切り替え 袖あり 上品 清楚 フレア エレガント 結婚式 二次会 20代 30代 40代 紫パープル S/M/L/XL. 6,880円 送料無料. 68ポイント(1倍). Pots . ドレス 膝丈 キャバ 花柄 ジャガード
www.buyma.com › ... › パーティードレス
パープル（紫）系 パーティードレス(レディース) | 新作を海外 ...
【BUYMA】パープル（紫）系 パーティードレス(レディース)のアイテム一覧です。最新から定番人気アイテム、国内入手困難なレアアイテムも手に入るかも。万が一の補償制度も充実。
wowma.jp › パーティードレス 紫の検索結果
パーティードレス 紫の商品一覧 | 通販 - au PAY マーケット
パーティードレス 紫の人気商品一覧。パーティードレス 紫のネットショッピングなら通販サイトau PAY マーケット。商品価格順やレビューの評価順に並び替えで探したい商品をチェック！カテゴリ選択やキーワード検索でほしい商品がすぐ ...
party-dress.me › カラー
大人のおしゃれ感がある、紫のパーティードレス Party Dress ...
結婚式のお呼ばれやパーティーで、紫のドレスは「一味ちがう、おしゃれな色」。大人っぽさと可愛さの両方があり、「大人カワイイ」をスタートしたい方にぴったりです。
www.qoo10.jp › gmkt.inc › Mobile › Search › Default
パーティードレス 紫 - Qoo10
Qoo10（キューテン）はeBay Japanのネット通販サイト。ファッションからコスメ、家電、食品、生活雑貨まで何でもクーポンで割引！ポイント還元いつも最安値でお届けします。
www.amazon.co.jp › ワンピース・ドレス-パープル-レディ ...
パープル - ワンピース・ドレス / レディース: 服 ... - Amazon.co.jp
ワンピース・チュニック. パーティードレス の優れたセレクションからの 服&ファッション小物 のオンラインショッピングなどを毎日低価格でお届けしています。
shopping.yahoo.co.jp › search › 紫+ワンピース
紫 ワンピース（ドレス、ブライダル）の商品一覧 ...
付与率は未確定分を含みます。詳細をみる パーティードレス 結婚式 大きいサイズ 40代 30代 20代 お呼ばれ ベアトップ ワンピース パーティー ドレス ミニ ノースリーブ フォーマル. お気に入りに追加. このストアを見る. 閉じる. 5,900円
wear.jp › category › onepiece › dress
ドレス（パープル系）を使ったコーディネート一覧 - WEAR
ドレス（パープル系）を使ったコーディネートです。735枚のスナップから人気の着こなしを探せます。 ... motherways（マザウェイズ）の「ガールズ コサージュ付 ブーケ花刺繍 半袖パーティドレス《 motherways. ¥4,389size 120.

市場・ターゲットの絞り込み（一点集中）

視点

（2）市場の絞り込み（一点集中）の注意点
（3）ターゲットの一点集中

（2）（3）では、マーケティングのセオリーにフィリップ・コトラーの提唱した「**STP分析**」を使います。「STP分析」とは、

（1）セグメンテーション（Segmentation）
（2）ターゲティング（Targeting）
（3）ポジショニング（Positioning）

の略です。これは同時にマーケティングの手順を示しています。下の図を見てください。

STP分析

（1）セグメンテーションは市場を細分化して市場の全体像を把握します。

（2）ターゲティングでは細分化した中から狙うべき市場を決定します。

（3）ポジショニングは競合他社との位置関係を決定、自社の立ち位置を明確にします。

ポジショニングについては、本書では第4章の「差別化」のところでバリューチェーン分析を活用して「規模の経済」「範囲の経済」「経験曲線」という概念で説明します。

セグメンテーション、ターゲティングを行うときには、同時に「**6R**」というフレームワークを使うと便利です。「6R」とは下の6つです。

特に★をつけた3つがここでは重要です。競合の状況については、本書では要所要所で、様々な形で触れていきます。特にここでは

Rate of growth（成長性）
Rival（競合の状況）

について説明したいと思います。

6Rフレームワーク

- **Realistic scale（十分な規模かどうか）★**
- **Rate of growth（成長性）★**
- **Rival（競合の状況）★**
- **Rank（優先順位）**
- **Reach（到達可能性）**
- **Response（測定可能性）**

「STP分析」「6R」市場・ターゲットの絞り込み4つの視点フレームワーク

Realistic scale（十分な規模かどうか）の視点としては、

（1）市場規模

・市場キャパシティ（市場自体の売上規模、ネットショップにおける売上規模感）
・ターゲットキーワード
月間平均検索数
（ネットショップにおける集客数をざっくりと予測する指標）
ターゲットキーワード、特にビッグキーワードの属性分散性があるか？

（2）一人当たりの消費量

・消費額（1回の購入でどの程度の金額を支払ってくれるか？）
・消費期間（平均的にどのくらいの期間需要があるか？利用頻度があるか？）
つまりは「LTV（ライフタイムバリュー）顧客生涯価値」を検討することになる。

Rate of growth（成長性）の視点としては、

（3）市場成長率が高いか低いか、もしくは衰退しているか

・市場成長率が高い市場は魅力的な反面、競合も多く参入しているケースが多い

・衰退産業は、将来的な成長は見込めないが、撤退企業が増えるため、残存者メリットを享受できる可能性がある。

（4）ターゲットキーワードの拡張性

・商品を増やせるか？（商品の持つキーワードを拡張させることが可能か？）

・カテゴリを増やせるか？（カテゴリ展開の拡張性があるかどうか？）

を検討して絞り込んだターゲットの属する市場を分析、判断していく。

「STP分析」「6R」市場ターゲットの絞り込み4つの視点の事例

それでは実際に4つの視点フレームワークに従って市場・ターゲットの絞り込みを実施している店舗さんの事例で分析してみたいと思います。

ここでは「シニアファッション」市場を分析してみましょう。

「シニアファッション」の市場分析

シニアをここでは70歳以上と規定してみます。70歳以上の人口は2715万人とのことです（2019年）。購入者はおそらくシニア層のお子さんが多いと思います。

アイテムはトップス、ズボン、下着、靴下、部屋着、パジャマ等、多くのカテゴリキーワードがあります。

この辺は**ターゲットキーワードの拡張性**が高いと言えると思います。

上下と下着を合わせて1週間分、7セット程度は持っているでしょうか？

リピート性も高いことが予測できます。団塊の世代が70代になったことと平均寿命が延びていることもあり、今後はしばらく市場規模が安定、もしくは徐々に拡大していくと思いますので**成長性も高い**と考えます。

ターゲットキーワード「シニアファッション」は月間平均検索数は2900回とミドルレンジのキーワード。客単価はアイテムによって異なりますが平均5000円〜7000円ぐらい。

「介護用パンツ」の市場分析

それではシニアファッションを極端にセグメントした「介護用パンツ」専門店で市場分析してみましょう。

同じシニア層がターゲットの場合でも「介護用パンツ」となると480回、他のキーワードでも1000回ぐらいとシニアファッションよりも集客力が低くなります。

消費期間は、あまり長くないと予測。客単価は1000円~3000円程度。利用枚数も7枚~10枚程度でしょうか。

商品カテゴリが少ないので、専門店の場合キーワードの拡張性が低くなります。

分析結果

月間平均検索数による市場規模、リピート回数、平均客単価、どの数値をとっても「介護用パンツ」よりも「シニアファッション」の方が高いことがわかります。

しかしこの分析で最もお伝えしたいのが「**キーワードによる市場の拡張性**」です。

シニアファッションは、ブラウス、ベスト、ズボン、下着、靴下、部屋着、パジャマ等様々なカテゴリが存在するのでキーワードの拡張性が高く、どのキーワードからでも集客ができ、リピート性も高いことが予測できます。

しかし、市場やターゲットの絞り込みは重要とは言っても「介護用パンツ」専門店となりますと、男性用、女性用、あとはパットの吸収量ぐらいしかカテゴリが存在せず、キーワードの拡張性が低いことは明白です。しかも利用頻度が低く、利用期間も短いことが予測されます。ここがランチェスター戦略における「市場・ターゲットの絞り込み(一点集中)」における、特にネットショップにおいての最大の注意点となります。

図9　ターゲットの絞り込み分析マトリクス（中小規模）

	ターゲットキーワードの拡張性：低い	ターゲットキーワードの拡張性：高い
一人当たりの消費量（消費額や消費期間）多い・長い		**シニアファッション**
一人当たりの消費量（消費額や消費期間）低い・短い	**介護用パンツ**	

介護用パンツ：専門店にするのでは無く、品揃え、カテゴリ展開可能な店舗設計が重要

シニアファッション：市場規模は中規模ながら、消費額・期間が長く、キーワードの拡張性も高い

「介護用パンツ」はあくまでカテゴリの一つとして、シニアファッションや、介護用品店、下着専門店の一アイテムとして品揃えするのがベストだと思います。

切り出して専門店化するほど、市場規模が高くありませんし、利用頻度も低く、カテゴリ拡張性も低いからです。図9

これら分析事例を参考にしてぜひ「市場・ターゲットの絞り込み分析シート」でご自身のネットショップの市場環境を分析してみてください。図10

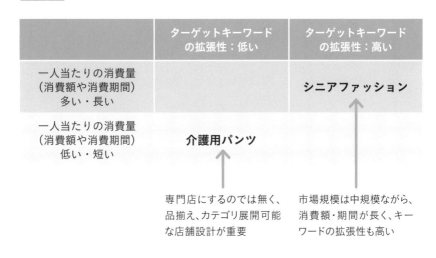

図10　市場・ターゲットの絞り込み分析シート

キーワードの種類	BIG	MIDDLE	SMALL
市場規模			
ターゲットキーワードの月間検索数			
一人当たりの消費金額客単価・LTV			
一人当たりの消費（利用）期間			
市場の成長性			
カテゴリ展開・キーワードの拡張性			

「アンゾフ・マトリクス」で絞り込んだ市場の拡張性、新商品の拡張性を分析しよう

市場やターゲットのセグメンテーション、ターゲティングは、ランチェスター戦略の重要な戦略の一つです。しかし市場分析無しに市場を絞り込んだり、ターゲットを絞り込むと、今分析した「シニアファッション」と「介護用パンツ」の事例のようになりかねません。実はこれは市場やターゲットのセグメンテーション、ターゲティングのときに拡張性が重要なのですが、カテゴリの拡張性、具体的には新商品開発の時にも同じ視点が重要なのです。

この市場やターゲットのセグメンテーション（絞り込み）、新商品開発のときに便利なのが「**アンゾフ・マトリクス**」というフレームワークです。

アンゾフのマトリクスは正式には「アンゾフの事業拡大マトリクス」と呼びますが、本書では「アンゾフ・マトリクス」で統一します。

これは、縦軸に「市場」、横軸に「製品」を取り、それぞれ「既存」、「新規」の2区分を設け、4象限のマトリクスに分類しています。この4つの象限から企業の成長戦略オプションを数多く抽出していく施策を策定していくもので、経営学者のイゴール・アンゾフが提唱しました。図11

このうち、第四象限の「（狭義の）多角化」は、新規事業を含めた新商品を新規市場に投入することを検討することになります。リソースの配分等、ランチェスター戦略的にも示唆に富んだ象限になりますが、事業規模によっても打ち手が異なりますので、本書では割愛させていただきます。

アンゾフ・マトリクスを市場拡張性、カテゴリ拡張性（新商品開発）的にアレンジしたのが「**拡張性分析マトリクス**」と名付けた次の図です。図12

図11 アンゾフ・マトリクス

市場・顧客軸 ＼ 製品軸	既存製品	新規製品
既存市場	第一象限 市場浸透	第二象限 新製品開発
新規市場	第三象限 新市場開拓	第四象限 （狭義の）多角化

図12 拡張性分析マトリクス

	既存商品	新製品（異なる商品）
既存顧客	牛丼型・収集型	カテゴリ拡張型
新規顧客	シーン提案型	

図13 第一象限「牛丼型・収集型」

	既存商品	新製品（異なる商品）
既存顧客	**牛丼型・収集型**	**カテゴリ拡張型**
新規顧客	**シーン提案型**	

第一象限

既存商品を既存顧客に投入していく第一象限、アンゾフ・マトリクスにおける「市場浸透」については、拡張性分析マトリクスでは「**牛丼型・収集型**」と名付けています。まずこの領域は市場規模がある程度あり、利用頻度、購入頻度が高いことが重要な要件となります。図13

「**牛丼型**」は飽きのこない優れた同一商品を高頻度で購入してもらうタイプのセグメントです。食品でしたら、たとえば61ページで紹介した肉のスズキヤさんの「遠山ジンギス」はロングセラーになっていて、ネット通販でもリピーターが多くファンも多い「牛丼型」商品です。図14 このタイプにはその他、サプリやスキンケア化粧品等、定期購入型の商品も該当すると思います。

あと有効なのが「側（がわ）から売って、そのあと中身をアップセルする」方式です。いわゆる

図14　牛丼型の例（肉のスズキヤ）

ジレットのひげそりのモデルと同じ本体を安く、もしくは試供品で提供して、替え刃で儲けるやり方です。この販売方法を「ジレットモデル」と呼ぶことにします。

例えば筆者は2000年から10年間近く紅茶とスイーツのネットショップを運営していましたが、紅茶の茶葉が中々売れず苦戦していました。

そのときに思いついたのが「最初にティーポットを販売してから茶葉をアップセルする」という作戦です。茶葉が売れないのはティーポットを持っている方が少ないからだ、と考えたのです。予想は的中しました。楽天市場に出店していたのですが、昔懐かしい「共同購入」（購入者が増えれば増えるほど価格が下がってくる販売方法）で最終的に1割引きぐらいになるように設定して販売。1回の開催で200個ほど販売しました。これを4～5回開催したあと、今度はティーポット購入ユーザーを紅茶の新茶の共同購入に誘導したのです。これもヒット。100gパックの茶葉が1回の共同購入

図15 収集型の例（戦国魂）

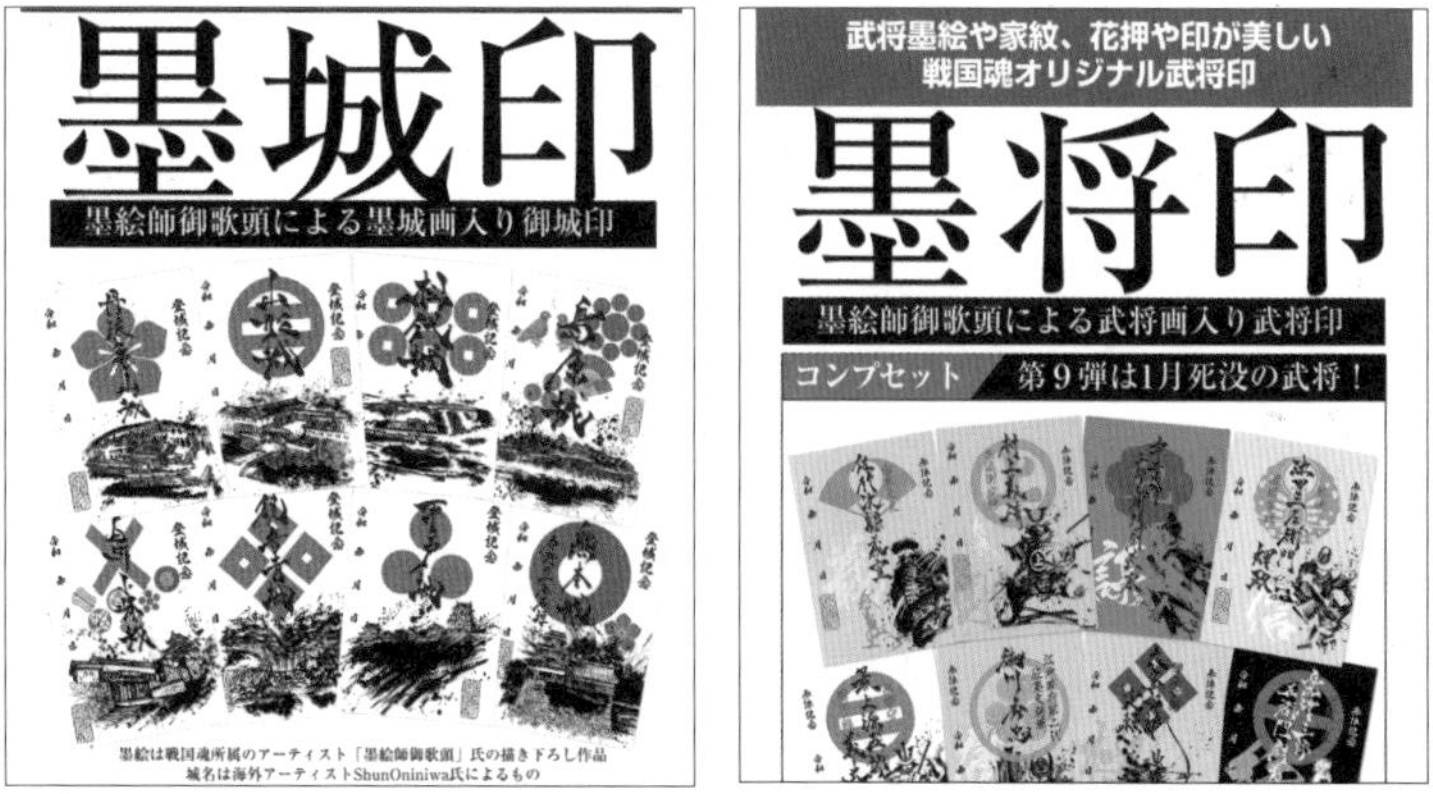
墨城印
墨絵師御歌頭による墨城画入り御城印
墨絵は戦国魂所属のアーティスト「墨絵師御歌頭」氏の描き下ろし作品
城名は海外アーティストShunOniniwa氏によるもの
武将墨絵や家紋、花押や印が美しい
戦国魂オリジナル武将印
墨将印
墨絵師御歌頭による武将画入り武将印
コンプセット
第9弾は1月死没の武将！

で500パック売れたこともあります。

「**収集型**」は、たとえば切手や硬貨のコレクションのように、収集していけばいくほど、深く、楽しみが増えるタイプのセグメントです。

たとえば、戦国武将グッズの製造・販売のネットショップ「戦国魂」さんが2020年5月にリリースして大ヒット、月商が5倍に跳ね上がった商品「墨城印」「墨将印」が挙げられます。図15

ジレットモデルでは、たとえばワインセラー（ワインを保存する冷蔵庫）を先に販売してから中身のワインをアップセルする方法も考えられると思います。

実際に戦国魂さんは、「墨城印」「墨将印」をリリースした翌月「戦国魂ノ御城印帳」とそれを入れる「御城印帳袋」も販売開始。さらに「墨城印」「墨将印」の第二弾もリリースすることで6月も5月以上の月商をたたき出すことに成功しています。

図16 第三象限「シーン提案型」

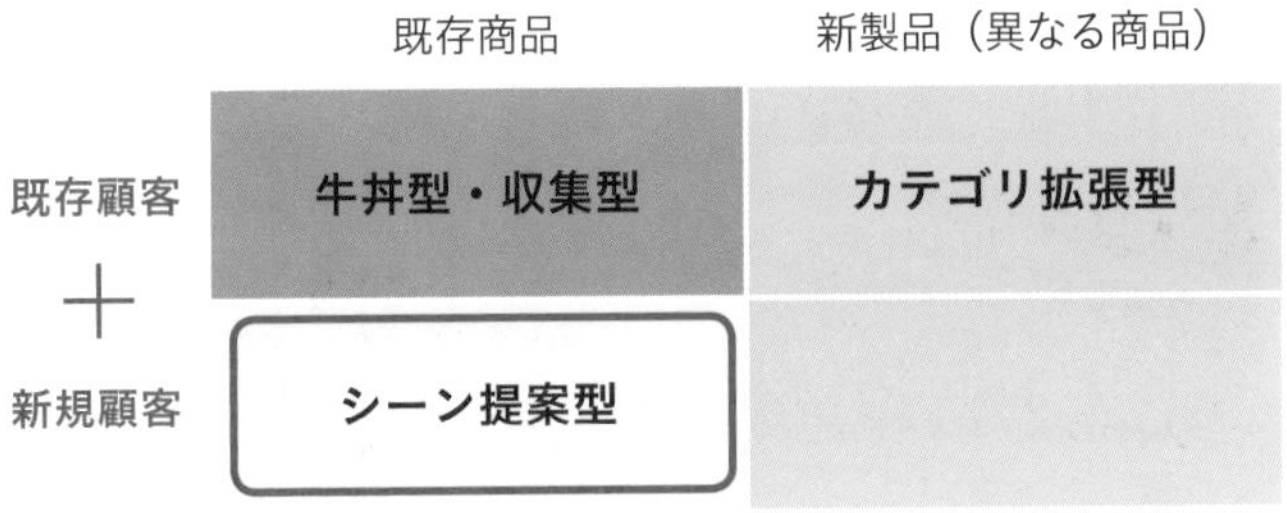
既存商品
新製品（異なる商品）
既存顧客
新規顧客
牛丼型・収集型
カテゴリ拡張型
シーン提案型

第三象限

次は既存商品を新規商品に販売する「拡張性分析マトリクス」の左下、アンゾフ・マトリクスでは第三象限「新市場開拓」です。

ここは同じ商品を様々な「利用シーン」に提案していく「**シーン提案型**」と呼びます。図16

岡山にパーカーボールペンの名入れギフトを販売しているパルセラさんというネットショップがあります。

パルセラさんは、実はマグカップやタンブラー等、様々なグッズに名入れをするバラエティ名入れギフトショップなのですが、トップページの建て付けは「パーカーボールペン・万年筆専門店」としています。

このショップの優れているところは、たとえば同じ「パーカーＩＭ」というボールペンを、様々なシーンでギフト提案しているところです。

サイトを見ると「誕生日プレゼント」「就職・

図17 シーン提案の例（パルセラ）

www.parcela.jp

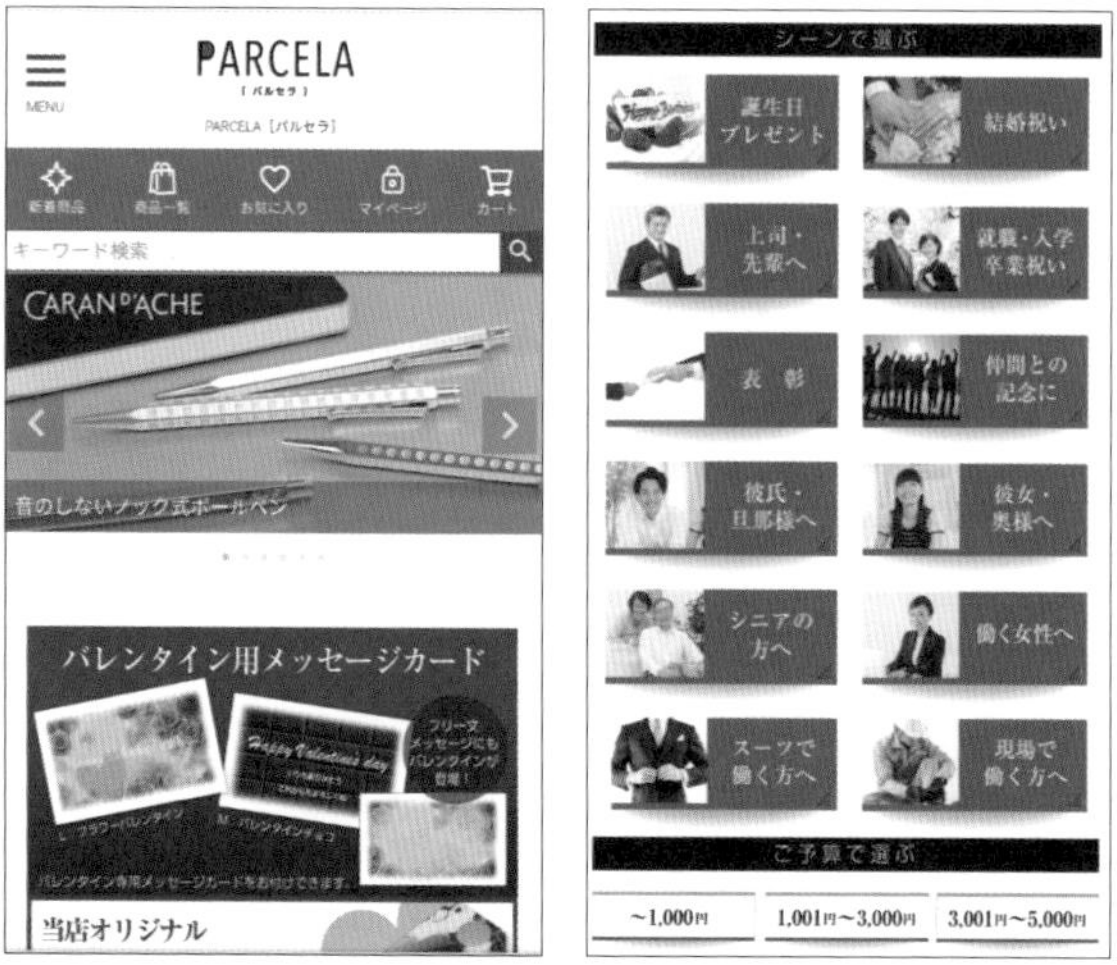

入学・卒業祝い」「表彰」「仲間との記念に」といったシーンが12通りも提案されているのです。図17

このシーン提案によって、同じパーカーＩＭというボールペンの名入れギフトを、これらシーンに該当するターゲットに利用してもらうことに成功しています。

この名入れボールペンギフトは、先ほどの「**牛丼型**」としても機能します。

これは筆者の事例なのですが、ちょうど二年連続で高校生に進学した知り合いや親戚の子供がいらっしゃったので、パーカーＩＭの名入れボールペンをプレゼントしました。

最初にプレゼントしたときに予想以上に喜ばれたので、嬉しくなって、翌年も別の子供が高校生になったときにプレゼントしたのです。

これなどは、同じ人が違う人にプレゼントする、というパターンとしても機能していることがわかります。

図18 第二象限「カテゴリ拡張型」

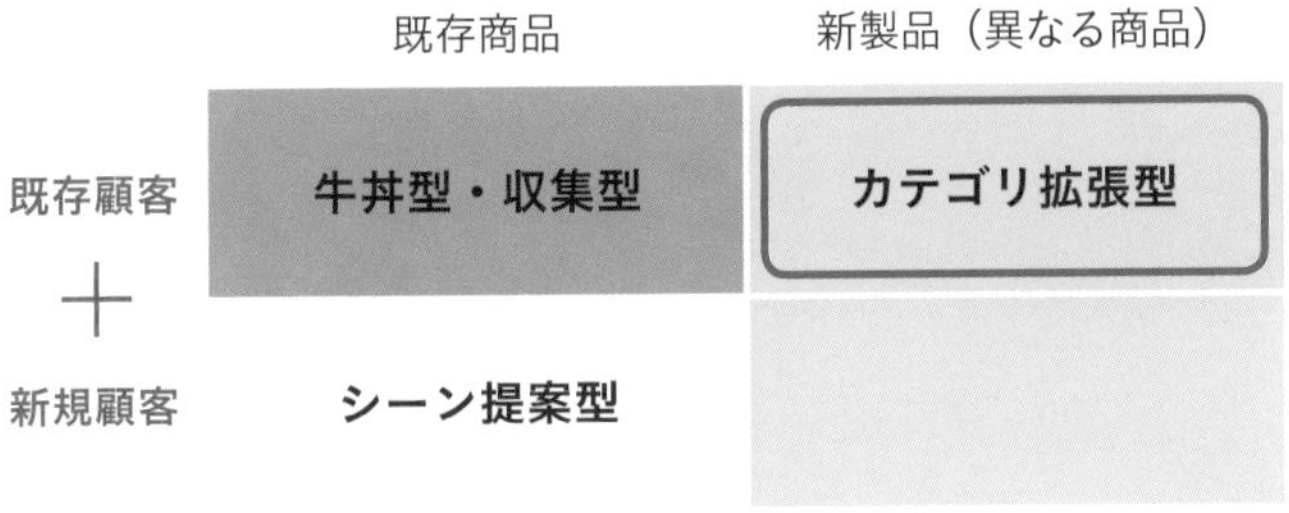
既存商品
新製品（異なる商品）
既存顧客
＋
新規顧客
牛丼型・収集型
カテゴリ拡張型
シーン提案型

第二象限

最後はアンゾフ・マトリクスにおける「第二象限」に該当する「新商品開発」です。

アンゾフ・マトリクスの「新商品開発」もこのあと説明しますが、「拡張性分析マトリクス」での「**カテゴリ拡張型**」から説明します。図18

長野にあるシニアファッション専門店「シニアファッションG&B（じいじ&ばあば）」さんです。

市場分析のところでも説明しましたが、ブラウス、ベスト、ズボン、下着、靴下、部屋着、パジャマ等様々なカテゴリが存在するのでキーワードの拡張性が高く、どのキーワードからでも集客が出来、リピート性も高いことが予測できます。

しかも「シニアファッションG&B」さんはさらに強力な**集客機会**を持っています。

それは「母の日」「父の日」そして「敬老の日」です。

これら強力な機会よりは弱いですが「誕生日」も購入機会になると思います。

これらを集客エンジンにして新規顧客を集客し、その方々に、気に入っていただき、リピートしていただくモデルです。しかもリピートするのは先ほど掲載したカテゴリキーワードすべてが該当します。

本書執筆時点で敬老の日が終わったあとなのですが、それと同時に気温が下がってくるので、秋冬モノが必要になってきます。そこでシニアファッションG&Bさんは、敬老の日で収集した顧客リストに対して、メールマガジンで秋冬モノを訴求して大きな売上を上げています。

「新商品開発」の観点でもキーワードの拡張性を検討することは非常に重要です。

拡張性の高い新商品開発ポイント

- **既存商品と親和性が高い**
- **月間検索ボリュームがミドルレンジ（3000回～5000回）以上ある**
- **購買確率の高いキーワードを持っている新商品である**
- **可能であれば新商品自体がミドルレンジ以上のキーワードを複数内包する**

となります。

シニアファッションG&Bさんは、秋口以降に「シニアファッション」というメインキーワードと親和性の高い「ベスト」「カーディガン」「紳士ズボン」「腰曲がりズボン」といったキーワードで新商品をリリースし続けて、ヒットを飛ばしています。図19

図19 シニアファッション G&B
www.f-kayama.com

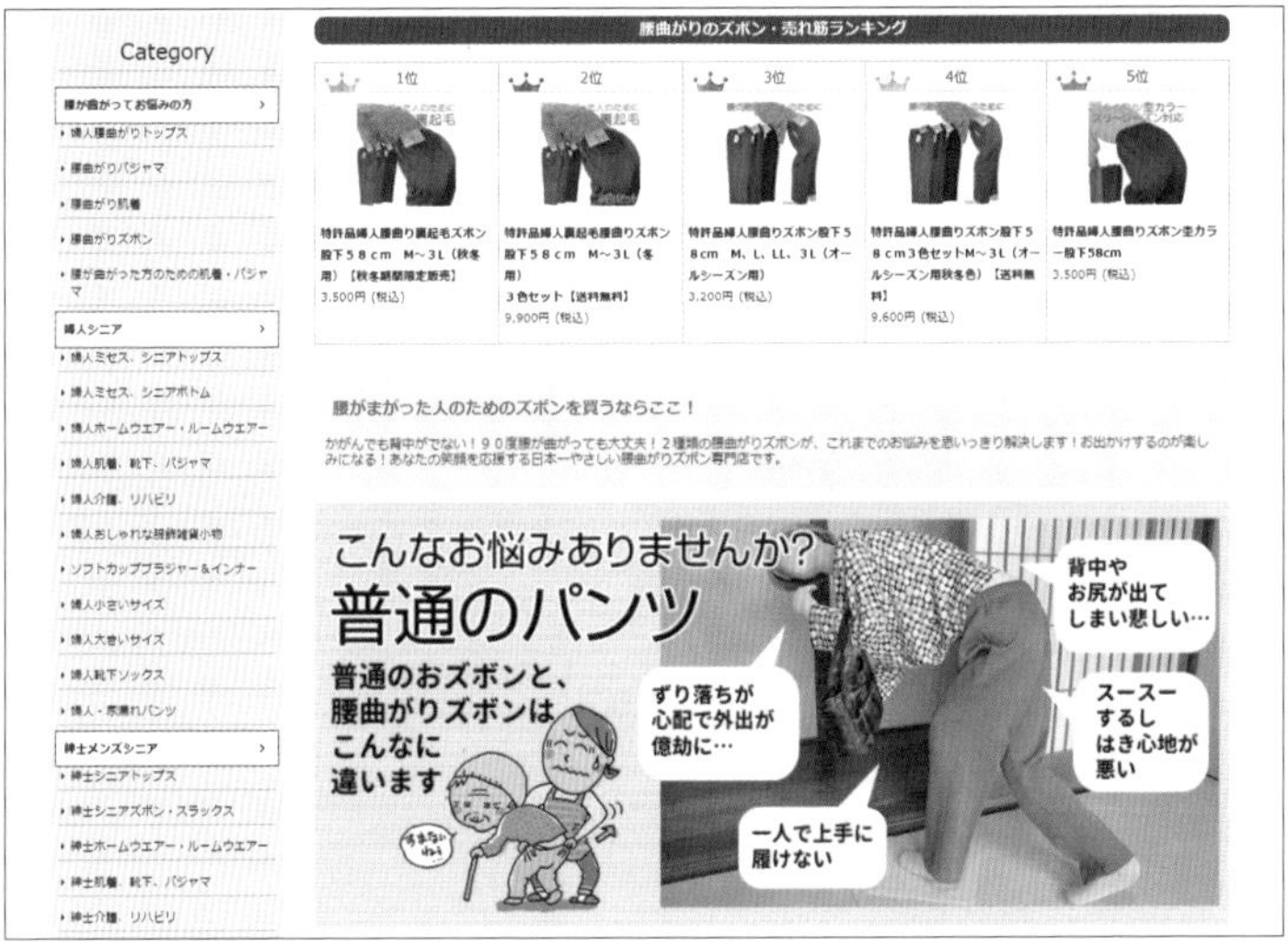

CHAPTER 3

ビジネス・インパクトの高い「ブランド化」「顧客インサイト」に一点集中しよう！

コラムーある親子の会話と「顧客インサイト」

新型コロナ禍前、大学生の娘と百貨店に買い物に行きました。時間が掛かることは予測できたので、こちらは喫茶店で待機していることにして、娘は自分の洋服を買いに行きました。コーヒーを飲みながら、すぐに集中して原稿を書きはじめました。一息ついて、ふと時計を見ると、喫茶店に入ってから2時間が経過していました。娘からはまだ買い物終了の連絡がきません。

するとまもなく「もうすぐ終わる」とメッセージ。10分ほどしてこちらのいる喫茶店に到着。娘は「買い物が長くかかってしまってすみません」と申し訳なさそうにしながらミックスジュースを飲んでいました。「時間のことは全く問題ないよ。原稿が書けて仕事もはかどったから。でも、今書いている原稿にも役立つので、ちょっとだけ質問させてもらおうかな？ まず、どうしてそんなに時間がかかったの？」と聞くと、どうやら理由は2つあるようでした。

・自分のお金での買い物だったので、金額が気になって決められなかった。
・見た目は気に入ったが、試着してみると全く似合わない（娘は私の遺伝でなで肩で、素材によっては肩からずり落ちてしまうとのこと）。なので見た目で選ぶ訳にはいかず、何回も試着していたら遅くなった。

「じゃあ、親のお金だったら、もっと大胆に買い物できるの？」と聞くと、そこまで金額が変わる訳ではないが、お金の出所によって購入する服のブランドは変わるようです。

たとえば自分で買うときは「プチプラブラン

ド」が多く、親と行くときは「少し高いブランド」になるそうです。価格感は、プチプラブランドだと3000円のズボンが、少し高いブランドだと6000円ぐらいとのこと。

以前の買い物では、店員さんにいろいろ出してもらい、提案を受けて、何回も試着したあげく、何も買わないで帰ってしまったこともあるそうです。理由を聞くと「試着したら、『これだったら自分が持っている服で代用できるなあ』と思った」とのこと。そんなの試着する前にわかるんじゃないの？と聞くと、着てみて気がつくんだとか。

ただし、すぐに買うこともあるそうで、それは

・セール品だった場合。最低30%オフ以上。50%オフだったら即買い。
・最後の1枚だとつい買ってしまう。

この会話をきっかけにして、ブランドと購買決定する際の顧客の心理についての関係性を深掘りしてみようと考えました。

(1) WEARのアプリでチェックしても、気に入った服はたいてい「プチプラブランド」か「少し高いブランド」、もしくは「その中間の有名なブランド」だそうなので、気に入ったブランドはある程度3つぐらいに絞られている。服の買い物に行くときは、これら3つのブランドが入っているファッションビルか百貨店を狙っていくそうです。全店舗回るよりも効率的です。

(2) 自分で買い物するときは「プチプラブランド」、親と一緒に行くときは「少し高いブランド」をメインに考える。やはり少し高い方がモノは良いみたいです。

(3) なで肩という、体型の不安要素もあるので常に試着をしてからでないと、購入ができない。以前、通販で失敗したそうです。実際に試着

してみて、自分の持っているアイテムとマッチするかイメージできる。

（4）セール品を基本狙う。最低30％オフ。50％オフだったら即買い。「最後の１枚」に弱い。

以上をまとめると、以下になります。

（1）はブランド指名購入による買い物の効率化。
（2）は使えるお金の額によってブランドを使い分けている。
（3）購入時の不安要素。試着が必要。
（4）オファーは、セール価格、希少価値

特に（2）と（3）はお店側ではなかなかわからない部分ですが、購買決定の非常に重要な要素であることがわかります。これらを「顧客インサイト」と呼びます。

「**顧客インサイト**」とは、「**人を動かす（もしくは動かない）隠れた心理**」のことをいいます。ユーザーの行動や思惑、それらの背景にある意識構造を把握することによって得られる「**購買意欲の核心や刺さるツボ**」のことです。セグメントされたターゲットによる消費活動や購買意欲を促す潜在的な欲求のスイッチともいえ、ユーザー自身も意識していない心の核心部分を見抜くこともあります。ＡＩＤＭＡにおけるＤｅｓｉｒｅ（欲求）からＡｃｔｉｏｎ（行動）へ動かす要因を発見することで、転換率の高いページの作成やターゲットに刺さる商品の開発やサービスを実施することができます。ユーザーの生活環境を理解して、共感の創出を行い、消費者が欲しているもの、行動を理解することです。「インサイト」という言葉は、直訳すると、「洞察」や「直感」、「発見」といった意味合いです。消費者の気持ちを洞察し、それに必要なもの、ことなどを発見していくことと定義できます。

ブランド戦略には顧客体験の「一貫性」が重要

娘の購買行動で顧客インサイト以外に興味深かったのは「**ブランド**」の特定です。

WEARで気に入った服をピックアップしたら、ほとんどが同じブランドだったことから、自分の気に入った服は「プチプラブランド」か「少し高いブランド」、もしくは「その中間の有名なブランド」に集約されていると認識。服の買い物に出たときも、いろいろなブランドを見て回ることはせずに、この3つのブランドが入っているファッションビルを狙い撃ちします。

この事例より、ブランドは私たちの「情報処理を簡略化する」、という社会的な機能があることがわかります。膨大な選択肢から無意識に候補を絞り込んでいるのです。

「ｂｒａｎｄ（ブランド）」の語源は、焼印を押す意味の「Ｂｕｒｎｅｄ」で、自分の家畜と他人の家畜を間違えないよう、焼き印を押して区別していたことから、「銘柄」「商標」を「ｂｒａｎｄ（ブランド）」と言うようになったそうです。

自社の商品・サービスを他社のものと区別してもらう。それがブランドの目的なのです。品質がよければ必ずしも消費者に選んでもらえるわけではありません。

ユーザーに「選ぶ基準」を与えるもの。これがブランドと言えると思います。

ブランドには2つの必須要素があります。それは「**共感シグナル**」と「**ブランド・ベネフィット**」です。

ブランドとは、「識別記号と知覚価値が結びついたもの」です。たとえ圧倒的に優れた品質の商品を作ったとしても、消費者が存在を知らなかったり「品質が優れている」と認識してもらえない限り選ばれません。

共感シグナル

ブランドのロゴマーク、文字、音声、形、色、シンボル等、**ブランド自体を認識できる五感で感じることができるシグナルすべて**を言います。

百貨店の1階で象徴的な水色を見たら「ティファニー」だと認識します。同様で「LV」のマークやモノグラムを見たら「ルイヴィトン」だとすぐに分かります。無意識にコンビニに入ったとしても、店内に流れる音楽を聴くと「ファミリーマート」に入ったことがわかります。独特のアロマの香りは、自分が改めてJALの「さくららウンジ」にいることを認識できると思います。

ブランド・ベネフィット

「レッドブル」のカンのデザインや「モンスターエナジー」の象徴的な「m」のマークを見れば知っている人なら誰でも「エナジードリンク」であることを瞬時に認識します。

そういったカンのデザインやマークを見ると無意識に「気合いを入れたい」「元気を出したい」「気分を上げたい」といったベネフィットを意識すると思います。

「共感シグナル」と「ブランド・ベネフィット」の2つが結びつくことで、人々は商品選定で苦労しないで済みます。2つの結びつきが強化されると、逆の流れで商品を選ぶこともできます。「午後から気合いを入れたいな」と思ったとき、「それならモンスターエナジーをゲットしよう」と考えるような「ブランド・ベネフィット」から「共感シグナル」につながるイメージです。強いブランドは「共感シグナル」が多くの人に認知されて、具体的な「ブランド・ベネフィット」を想起させ、ユーザーの購買行動に大きな影響を与えるのです。

ブランドは体験や接触数が増えれば増えるほ

ど、「共感シグナル」と「ブランド・ベネフィット」の2つの結びつきが強化されていきます。プロダクト（商品やサービス）、プレイス（店舗や流通網、つまりどこに行っても目にとまる、店員さんの接客）、プライス（価格感、安すぎても高すぎてもイメージされません）、プロモーション（広告、販促）といった4Pのフレームワークのすべてに共通する**「顧客体験の一貫性」**をどのように設計するかがブランド戦略には重要なのです。

たとえば、スターバックスコーヒーは日本においては上場した日に新聞広告を出した以外、マス広告を行っていないそうです。それでも強固なブランドを築き、世間に広く認知され、高い評価を得ています。その理由の一つは、ほかのチェーンが比較にならないほど「体験の一貫性」を追求しているからだと考えます。

そして広告費の代わりに、よい立地に出店し、「人目に触れる機会を増やし」お店そのものに広告媒体のような働きをさせていることも理由に挙げられます。いわゆるドミナント戦略です。体験の一貫性の根幹は「サードプレイス」です。

たとえば、落ち着いた明るさの店内、十分なスペースをとった一人用のソファー椅子が中心となっています。音を立てさせないために金属製のスプーンは使っていません。

アルコールを出すと客単価が上がることはわかっていますが、声が大きくなったり、食べ物の匂いが広がってしまうので、一部の大規模店舗以外では基本アルコールは提供していません。

また、店員さんはユーザーの来店時、「いらっしゃいませ」とは言わないそうです。

「こんにちは」「こんばんは」といった挨拶をするそうです。ただ、これはマニュアルがある訳ではなくて、個人的な関係性を感じさせるように接するという接客の方針があるだけなのだそうです。その結果生まれたカルチャーなのだそうです。

顧客体験の「一貫性」設計、上手くいっている事例、ちょっと残念な事例

顧客体験の「一貫性」について、実際の事例でもう少し説明します。

尊敬する経営者が運営する都内のレストラン

遠方から来客があり、そのレストランにご案内させていただきました。

実はその前月にもお客様をご案内していたので、2ヶ月連続での利用でした。

このお店もスターバックスと同様「いらっしゃいませ」とは言わず「こんにちは」「こんばんは」「お久しぶりです」といった知り合いや友人との挨拶のようなニュアンスで接してくださいます。

あとは「お帰りなさい」とも言われますね。そのあともスタッフの方々は同じようなテンションで接してくれるので安心できます。

また、客席で話が盛り上がっている場合は、割って入るようなことは一切ありません。

オーダーを取るときも「メニューには書いてありませんが、毎回ご注文いただく、からすみのパスタ、ご用意できますよ」とか「一緒にいつもご注文いただいていた、卵だけで作ったカルボナーラも、ベーコンの種類が変わってしまいますが、それでよろしければ、お作りできます」とも。

「お飲み物はどうされますか?」と聞かれたので、まずはビールを頼んで乾杯。

そのあと「白ワイン……」と言いかけたときに「いつものでよろしければすぐにご用意できますが」と言われたので、「あ、それでお願いいたします」と返事したらなんと、自分たちの客席のすぐ近くにワインクーラーがあり、そこにすでに冷やしてあったのです! しかも炭酸で割ってスプ

リッツァーで飲むこともご存じだったので、炭酸水も同じワインクーラーで冷えていました。一緒に入れるカットレモンもすぐにご用意くださいました。これは本当に嬉しいです。

お客様のお名前をお伝えしていたのですが、2名のお名前が刺繍されたテーブルナプキンもセットされていて、お客様2名とも感動していました。

さらに、キャンドルがテーブルに2つあり、そのガラスの部分になにやら写真のようなものが映っていたのですが、良くみたらそのお客様が現在リニューアルしている結婚式の教会の写真が描かれていたのです！

「気がつかれないかと思って、ヒヤヒヤしていました」とスタッフの方。

「えええー！　これっていつセットしたんですか？　自分たちの仕事の内容をいつ知ったのですか？　びっくりです！　感激しました！」

とめちゃくちゃ喜んでくださいました。

白ワインのあとは、鴨のコンフィとともに赤ワインを頼んだのですが、お肉を食べ終わったあと、テラス席に案内してくださり、雰囲気を変えて赤ワインをチーズで楽しみました。11月後半だったので外は肌寒かったのですが、こたつ風のテーブルに外用のストーブが設置されていて、暖かく夜景を楽しみながらワインとチーズを楽しみ、最後は美味しいコーヒーで締めくくることができました。美味しいコーヒーは重要ですよね。

このように、流れるようにスタッフさん全員がそれぞれに考えて対応してくださるので、画一的押し売りサービスは一切感じられませんでした。

システムだとは思いますが、我々の過去の履歴をしっかり把握されての接客だったので、とても気持ちよい時間を過ごすことができました。ちなみにこのお店はＢＧＭの選曲と音響も素晴らしく、テラス席は屋外にあるのですが、店内とほとんど同じ感じでＢＧＭを楽しめます。これぞ顧客体験の「一貫性」が上手くいっている事例だと思います。

とあるホテルのレストラン

おそらく先ほどのレストランやスタバのノウハウを活用していると思われる接客のレストラン。スタッフさんの中には「あ、いつもありがとうございます！　ビジネスランチ（通常のランチの半分の時間、半分の料金で利用できるプラン）で良いですか？」と、顔を覚えてくれている人もいて、嬉しい。お店の外でスタッフさんとお会いすることがあるのですが、「あ、どうも！」とお互いご挨拶をさせていただいたこともあります。2，3言会話を交わさせていただきました。なんか嬉しいですよね。

そんな良い雰囲気の接客のレストランなんですが、最大の特徴は「ビュッフェスタイル」であること。せっかく良い接客なのですが、お客様との接点が、席へ案内するときと、会計のときしか無いのです。

なので食事中はほとんど接客を受ける機会がありません。

店舗の設計上、顧客体験の「一貫性」が分断されてしまっているのです。

これで普通のサーブしてくださるタイプのレストランだったら本当に大好きなレストランの一つになれたと思うと残念でなりません。

ブランド設計フレームワーク

（1）ターゲットのセグメンテーション（ターゲットの具体化）
（2）顧客インサイトの明確化
（3）ブランド設計（共感シグナル、ブランド・ベネフィット）
（4）ブランディングに基づく経営戦略策定（リソースの傾斜配分の決定）
（5）マーケティングの観点から見たブランディングの重要性

(1)ターゲットのセグメンテーション（ターゲットの具体化）

ここから「ブランド設計のフレームワーク」を説明しようと思います。前ページの5つの順番でブランドを設計していきます。内容は具体的になるように、ネットショップの事例を掲載していきます。ちなみにこのブランド設計フレームワークは、**顧客体験の「一貫性」**が基本設計になっていることは言うまでもありません。

まずは、(1)ターゲットのセグメンテーションです。

このブランド設計フレームワークの核は、(2)の顧客インサイトの明確化です。このまだ誰もわからない、顧客インサイトを明確にするために、ターゲットのセグメンテーションを行います。具体的には次の明確化を実施していきます。

- **ターゲットプロファイリング（ペルソナ設定）**
- **ユーザーリテラシー（商品の習熟度・初心者か、熟練者か）**
- **購買動機（ユーザーの欲求の満足・問題の解決の明確化）**
- **行動予測（朝の通勤時間を交通機関を使うか車かによってスマホ閲覧時間が異なる）**
- **ユーザーの不安要素の解消（これは(2)でやります）**

□ 右脳派と左脳派

本書では前記以外に、新しい概念として、

- **右脳派ターゲットと左脳派ターゲット**

という切り口を考えてみましょう。

■「左脳派」はスペック重視

（情報を網羅的に厚め、論理的に判断）

たとえば實光刃物さんの事例で説明すると、左脳派は、包丁の種類をまず決めて、次に素材を選び、刃渡りを選び、柄を選んでいく、というスペック重視の商品選定を行います。このタイプは、「欲しい包丁が見つかる4つのステップ」というバナーをクリックして詳細検索（絞り込み検索）を行って自分の欲しい包丁を選ぶタイプです。図1

■「右脳派」はイメージ重視
（視覚と他者の推奨を頼りに感覚的に判断）

母の日ギフトで包丁を贈りたいというユーザーは、それほど包丁のスペックには興味が無く、汎用性の高い包丁が良いと思っています。どちらかというと予算が優先で、予算の中でできるだけ良いものを贈りたいと考えます。ですから、母の日ギフトランキングを活用して商品を選択すると思います。図2

図1 實光刃物
www.jikko.jp

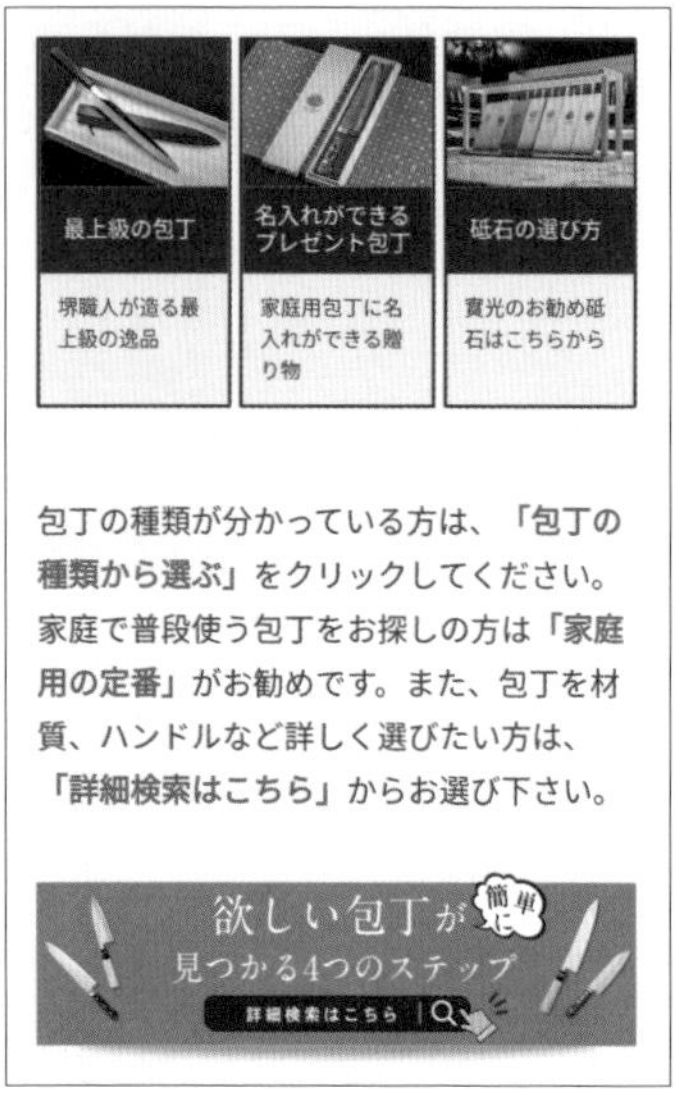
最上級の包丁
堺職人が造る最上級の逸品
名入れができるプレゼント包丁
家庭用包丁に名入れができる贈り物
砥石の選び方
實光のお勧め砥石はこちらから
包丁の種類が分かっている方は、「包丁の種類から選ぶ」をクリックしてください。家庭で普段使う包丁をお探しの方は「家庭用の定番」がお勧めです。また、包丁を材質、ハンドルなど詳しく選びたい方は、「詳細検索はこちら」からお選び下さい。
欲しい包丁が
簡単に
見つかる4つのステップ
詳細検索はこちら

図2 實光刃物

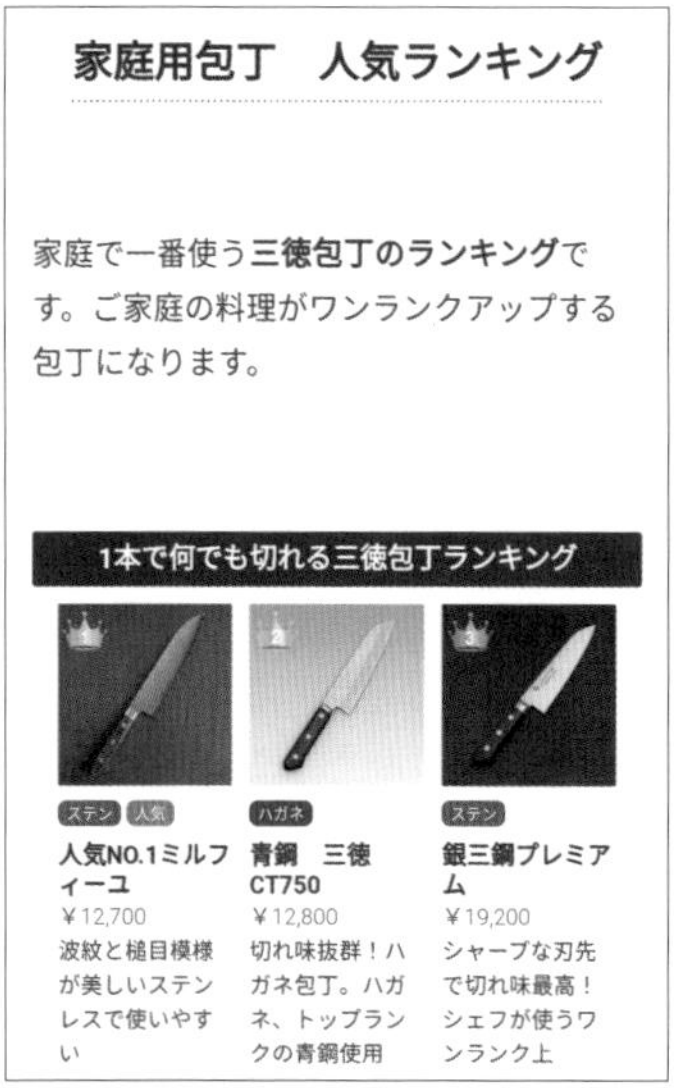
家庭用包丁　人気ランキング
家庭で一番使う三徳包丁のランキングです。ご家庭の料理がワンランクアップする包丁になります。
1本で何でも切れる三徳包丁ランキング
ステン 人気
人気NO.1ミルフィーユ
￥12,700
波紋と槌目模様が美しいステンレスで使いやすい
ハガネ
青鋼　三徳 CT750
￥12,800
切れ味抜群！ハガネ包丁。ハガネ、トップランクの青鋼使用
ステン
銀三鋼プレミアム
￥19,200
シャープな刃先で切れ味最高！シェフが使うワンランク上

コアターゲットと拡散ターゲット

・コアターゲット＝核となる重要な主たる顧客層
・拡散ターゲット＝顧客を広げていく際ターゲットとなる顧客層

というセグメンテーションの方法もあります。

たとえば、飯田市遠山郷の「肉のスズキヤ」さんを事例にすると、コアターゲットはジビエ好きのワイン愛好家、ガッツリ肉を食べたいバーベキュー好き等が考えられます。このタイプは常連さんに多いので「遠山ジンギス」と聞いて「あ、ジンギスとはジンギスカンの略で、味噌と醤油とニンニクたっぷりのタレで揉み込んだラム・マトンのことだな」と理解しますし、「とりジン」と聞いたら「鶏肉にジンギスのタレを揉み込んだものだな」と理解します。

拡散ターゲットは、2019年8月26日にテレビ番組「新説！所JAPAN」を見て肉のスズキヤさんを知って購入した方になります。

このタイプは、テレビを見て食べたくなって買ったユーザーなので、肉の美味しさは経験していますが「とりジン」と聞いてなんのことか理解できないユーザーです。

「〜じん」というネーミングは、ジンギスカン→ジンギス→ジン（じん）とどんどんジンギスカンが省略されていった名残りで、長野県外の方はほとんど理解できないと思います。しかし肉のスズキヤさんは、「ビフテキじん」とさらに「じん」攻撃を仕掛けていきます。図3

図3　「ビフテキじん」?!

もはや、牛肉のステーキに手足が付いたキャラクターのようなフォルムしか思いつかないネーミングですが、これは牛のサガリの厚切りに遠山ジンギスのタレを揉み込んだ商品です。かといって「ビフテキジンギス」としても何のことか理解できないと思います。結局「ビフテキじん」を訴求したメルマガは全く反応しませんでした。その後同じ商品を「極厚牛　旨味ステーキ」に名称変更してメルマガで配信したら大ヒットになったのですが、名称変更して反応してくださったタイプのユーザーが拡散ターゲットということになります。図4

純炭粉末公式専門店さんの場合は、コアターゲットは、腎臓が悪いユーザーで、特にこのままだと人工透析になってしまうかもしれない腎臓病の方が該当します。一方、拡散ターゲットとして検討したのが炭の効果・効能を美容系に活用したらどうかということで美容系のサプリをリリースしたのですが、他のダイエットサプリや、他の炭の美容サプリと競合してしまい、思ったような成果がでませんでした。結果的に現在は腎臓が悪いユーザー一本に絞り込み、サポートを手厚くして毎月のように月商記録を更新しています。

図4 「極厚牛 旨味ステーキ」に名称変更（肉のスズキヤ）

ジュワっと溢れる
極厚旨味ステーキ!
とても肉厚な牛サガリのジンギスです。
味付済なのでフライパンなどで焼くだけ。
ステーキ感覚でどうぞ。新しい食感。
焼肉通の方にもオススメです!

www.jingisu.com/fs/suzukiya/4040

(2) 顧客インサイトの明確化

(1) でターゲットの明確化を行った後で、その明確化したターゲットの「顧客インサイト」を明確化する分析を実施します。**顧客インサイト・フレームワーク**を左に掲載しました。これから一つずつ説明していきます。

シーン提案、選び方化

シーン提案は、ユーザーの購買動機を具体化・細分化したものです。

選び方化は、主にカテゴリページを活用して松竹梅バナー、シーン提案バナー、シーン提案ランキング等を使って、選やすいページにすることで**SEO**も狙っていく目的のページです。ここに顧客インサイトの視点を投入します。

顧客インサイト・フレームワーク

- シーン提案、選び方化
- 不安要素の解消
  潜在欲求の明確化
  買えない理由の明確化
- 共感ストーリー

図5 「包丁」での検索結果

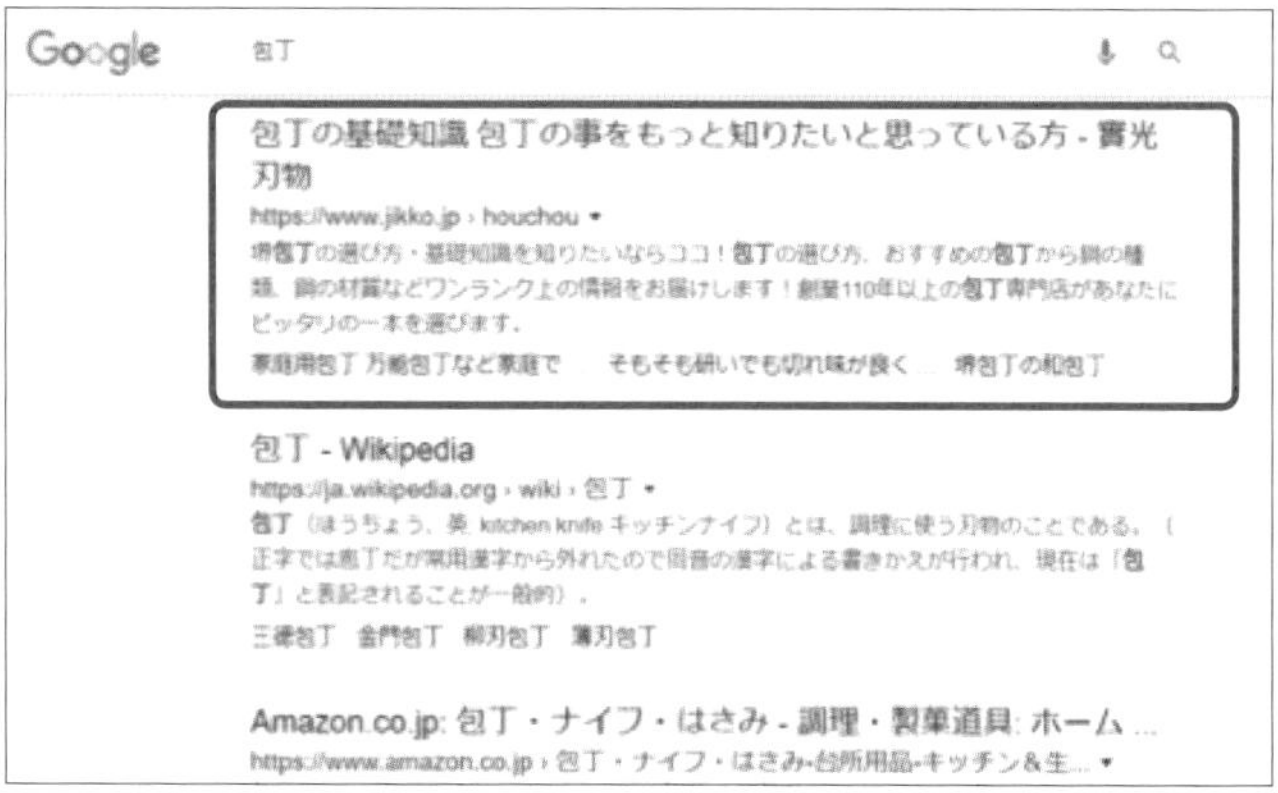

たとえば實光刃物さんは「包丁」という月間4万回検索されているビッグキーワードで1位になっています。当然インデックスされているページはセッション数が多いのですが、では「包丁」で検索しているユーザーはどのような目的・意図なのでしょうか？

「包丁」で検索しているユーザーの検索目的、意図は、SERP（検索結果画面）を見ると、

1位　實光刃物さん（ネットショップ）
2位　ウィキペディア
3位　アマゾン
4位　楽天市場
5位　アフィリエイト
6位　貝印（メーカー）の包丁の選び方サイト（ネットショップにリンクしている）

となっています。図5

6位中5つのインデックスページが販売ページであり、グーグルショッピング広告も表示されていましたので、購買確率は高そうです。

包丁というキーワードはかなりフワッとしたキーワードであり、かつ購買確率が高いキーワードである、という点を考慮すると、おそらく

・とにかく包丁が欲しいのだが、何を買ったらよいかわからないユーザー

・失敗しない包丁の選び方を知って、良い包丁を買いたいユーザー

であると予測。そこでこのターゲット層は「リテラシーの低いコアターゲット」であると仮説を立てました。

私がEC実践会でこの話をしたとき、ある女性の受講者さんが「あ！私、實光刃物さんで包丁買いました！」とご自身の体験を話してくれました。

「友人が結婚するのでそのお祝いに包丁をリクエストされたんです（シーン提案）。私、包丁のことよくわからないので本当に「包丁」とスマホで検索しました。そして1位に表示されているのがネットショップだったのでタップしたら、ギフトのバナーがあったのでそれをクリックして、ギフトランキングがあったので1位の包丁を迷わず購入しました（選び方）。だって、友人の結婚祝いで失敗したくなかったですから。一番売れている包丁だったら間違いないと思ったんです」

まさに

（1）フワッとしたビッグキーワード「包丁」で検索
（2）1位掲載のネットショップをタップ
（3）ギフトバナーがあったのでタップ
（4）ギフトランキングがあったので1位の商品を選択、購入

という右脳派ユーザーであり包丁に詳しくない（リテラシーが低い）ユーザーの購買行動パターンそのものだったことが実証されました。

不安要素の解消　買えない理由の明確化

犬服の製造・販売ネットショップ「ドッグピース」さんは、SEOでも「犬服」という月間平均検索数2万2千回のビッグキーワードや、「犬服通販」というキーワードで1位を獲得しています（本書執筆時点）。「包丁」と同様「犬服」というキーワードもかなりフワッとしていますが、こちらは非常に繊細な購入時の不安要素があります。それは「サイズ」です。犬種や、犬の大きさによってサイズ感が全く違うのです。図6

チワワとミニチュアダックス、トイプードル、フレンチブルドッグでは、犬種による身体の形がまるで違います。しかもそれぞれに身体の大きさもまちまちです。

ユーザーとしては、たとえば「うちのフレンチブルドッグの場合はどのサイズを選んだら良いのだろう?」「うちはミニチュアシュナウザーなんだけど、サイズにはレギュラー、ダックス、コーギー、フレンチしかないけど、どれを選べば良いのだろう?」というように、サイズ感がわからなかったのです。

図6　犬種によって体型が大きく異なる

図7　「はじめてのドッグピースに！トライアル ホワイトロゴベスト」

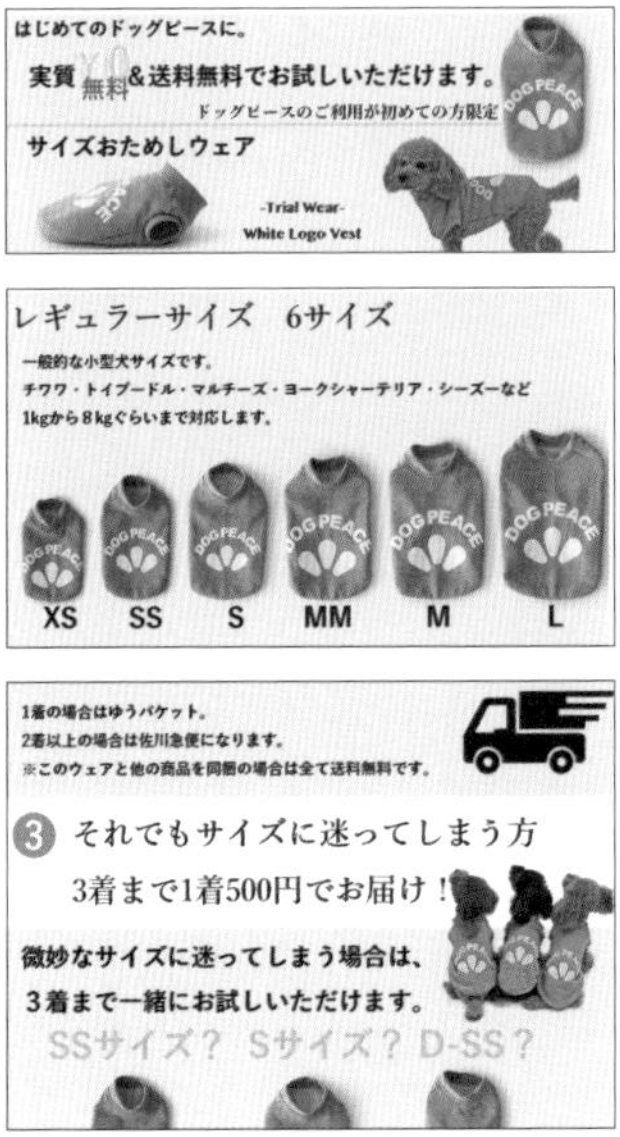

おそらく購入したユーザーは「基本の犬服サイズ表」を見たり、「犬種と体重でサイズを選ぶ」のページを見たりしながら、だいたいのイメージで選ぶか、犬のサイズを測って、近いサイズの商品を選ぶ、といった購買行動だと考えられます。

それでも何回か失敗して、場合によっては返品交換してジャストフィットのサイズを手に入れていたのかもしれません。ただ、おそらくほとんどのユーザーはネットで犬服はサイズがわからないから買えないなあ、と思っていたのかもしれません。犬は自分でピッタリだとか、ちょっと首がきついなあ、とは言えないので飼い主の判断になります。ですので、非常に購入には慎重になることも予想されます。

そんなとき社長の中島さんは「ジュエリーショップは指輪のサイズを測るリングゲージを低価格で販売してピッタリのサイズの指輪を購入してもらっているなあ」と考えました。「では犬服でも同じことができないだろうか？」

こうして誕生したのが「はじめてのドッグピースに！トライアル　ホワイトロゴベスト」なのです。図7

シンプルな杢グレーの生地に白のドッグピースさんのロゴをプリントしただけのシンプルな服で、ようは「試着用の服」を販売するというアイディアです。たとえばチワワ、トイプードル、マルチーズ等にお勧めなレギュラーサイズは、XS、SS、S、MM、M、Lと6サイズから選べるのです。犬種は4種類あります。

初めての方専用で、1着1000円なのですが、会員登録をしてもらうと初回500ポイントゲットできるので実質500円送料無料で利用できます。さらに次回使える500円オフクーポンも付いてくるので実質送料込みで0円で試せる、という仕組みになっています。さらに、3サイズまで1着500円で購入できる上、購入するので返送不要なのです。

このホワイトロゴシリーズは大ヒットしますが、販売開始して1ヶ月経ったとき、グーグルアナリティクスを確認してとんでもないことがわかりました。

ホワイトロゴ購入者のほとんどが「リピートユーザー」（グーグルアナリティクスなのでリピート訪問ユーザーのこと）だったのです。ホワイトロゴが買えるのは初めての方限定にもかかわらず、です。

そこで購入履歴を確認してみたところ、ホワイトロゴを購入したユーザーの、1名だけ再購入者で残りの199名はなんと初めての購入だったそうです。

つまり購入者の199名はドッグピースさんのサイトを**何度か訪問しているにもかかわらず購入に至っていなかった**ユーザーだったのです。

つまり、サイトを訪問しているのにこれまで購入していなかった、いや購入できなかったユーザーがそれだけ多かったということなのだと思います。それが、リスクほぼ0でお試しができるということで殺到したのだと考えられます。

お客様の不安要素、買えない理由を解消することができた、ドッグピースさん。この商品をリリースした12月、最高月商を更新されました。

潜在欲求の明確化

肉のスズキヤさんは、当初「うさぎ肉、ヤギ肉入荷しました！」という件名でメルマガを配信しようとしていました。

しかし、都内等、大都市圏でテレビを見たユーザーやスズキヤさんを良く知らないユーザーは、うさぎ肉、ヤギ肉と言ったところで「食べるものなの？」と全く響かないと考えました。

そこで「遠山ジビエ続々入荷！鹿肉も入荷、うさぎ肉もヤギ肉も入荷しました！」というように「遠山ジビエ」のくくりとして、うさぎ肉、ヤギ肉を紹介することにしました。

結果的にはこれが大成功。大ヒットとなりロングセラー商品として売れています。図8

図8 肉のスズキヤ

遠山ジビエ（熊肉・猪肉・鹿肉）
古き山肉文化が根付く「信州遠山郷」で昔から食べられてきた野生の肉を、現代の感覚を取り入れて、美味しく食べていただけるよう「ジビエ」として提供しています。
鈴木屋のジビエ肉
遠山ジビエ
鈴木屋
専属の腕のいい猟師が獲ってきた天然自然の山肉「遠山ジビエ」を、山の肉屋、スズキヤが１番美味しい状態でみなさまにお届けします。遠山ジビエは、個性的で山の恵みのうまみがいっぱいです！！！
遠山ジビエが選ばれる3つの理由
その1 信頼おける仕入先からしか仕入れません

■ 買えない理由の明確化

これまで31種類（サーティーワン）ジンギスや、猪鹿鳥セット等、どちらかというとだじゃれ系の商品名を好んで使っていたスズキヤさん。図9

図9 多様なセットを展開していた（肉のスズキヤ）

味付焼肉の決定版！信州の秘境に伝わる伝統の味
遠山ジンギス大図鑑
味付焼肉 遠山ジンギス
TJA31
遠山ジンギス オールスター サーティーワン
遠山ジンギス之大図鑑
開運招福《山の宴・お祝い御膳》
遠山流・猪鹿鳥と馬刺しの紅白盛りで、めでたい！たのしい！幸せいっぱい！
猪鹿鳥でお祝いごはん
購入ページはこちら
自然の恵み「猪鹿鳥」を大切に美味しく頂いて、体の底から運気上昇。
皆様の開運、御健勝を秘境遠山郷よりお祈り申し上げます。

結果的にセット内容が多くなってしまい、どのセットも結構な肉量になっていました。客単価は高くなるのですが、困ったことが起こりました。

毎週メルマガを配信しているのですが、セット内容が多い肉量の多いセットを紹介して売れたあと、売上が下がる傾向が見られたのです。

ユーザーの話を聞いてみると「大量の肉が冷凍便で送られてくるので、それを冷凍庫に入れるのですが、肉で冷凍庫が一杯になってしまう。そんなにすぐに食べられないので、翌週にメルマガが来ても、冷凍庫が一杯で美味しそうなセットだったとしても冷凍庫に入れることができないので買えない。」という意見が多数聞かれたのです。言われてみればその通りで31種類（サーティーワン）ジンギスセットの場合、平均1種類250gだとしても合計で7・7キロも肉が冷凍で届くのです。通常のご家庭の冷凍庫に入るかどうかといったところでしょう。入ったとしても満杯になるぐらいの量です。図10

図10　31種類ジンギスセット（肉のスズキヤ）

そこで最近のメルマガでは「ボタン鍋セット」「焼しゃぶセット」といったお鍋セットや先ほどの遠山ジビエのように、単品での紹介をするようにしました。図11

お鍋セットならば、お鍋をやったら食べきってしまいますし、単品の紹介でしたら、お客様の方で購入量を調整していただけるので、毎週購入することも可能だと考えたのです。実際にこの設計が奏功。メルマガからの売上がこれまでの2倍以上に跳ね上がりました。

共感ストーリー

ストーリーを伝えることで、これまでには無かった価値をユーザーと店舗で共有する「共感の創出」によって購買動機を急激に創出していくしかけが「**共感ストーリー**」です。

長野のリンゴ農園「小西園」さんのプロフィールでは、父が残したリンゴの木と育て方のノート

図11　単品の紹介に変更（肉のスズキヤ）

を頼りに試行錯誤をしながら美味しいリンゴを作り上げるストーリーが描かれています。それを読んだユーザーから「感動しました。涙がでました。リンゴが美味しい理由がわかりました」という熱烈なコメントが投稿されるほどで、通常の「特秀」の1・5倍の価格のプレミアムをリリースしたらプレミアムから完売したそうです。図12

熊本の蘭の生産直売「森水木」さんも、商品ページにデンドロビュームと生産者の宮川さんとの出会いからご苦労、その後の開発ストーリーを綴った「共感プロフィール」を挿入。転換率29・7%を達成しました。図13

図12 小西園
www.konishien.com

図13 森水木

實光刃物さんは、

（1）「包丁」で検索するユーザーの顧客インサイトの明確化

（2）顧客インサイトをベースにシーン提案や選び安いランキング等の導入

（3）古い包丁の捨て方がわからないから買えない、思いのこもった包丁を手放すのが忍びなくて新しい包丁が買えないユーザーに対して「包丁引き取り供養サービス」の提供によって不安要素、買えない理由の解消を実現。

（4）アフターサービス、メンテナンスについても「共感ストーリー」として感動的な文章、コピーを使っています。（下の囲みを参照してください）

この「ネット販売の方でも、店舗販売の方でも實光は包丁を一生面倒みさせて頂きます。」という部分が、（3）の「包丁の引き取り供養サービス」とリンクして、購入時の実店舗と同様の詳細な説明による接客から、メンテナンスを一生させていただきます、という包丁と利用していただいている方へしっかりサポートするという決意、そして「包丁の引き取り供養サービス」と顧客体験の一貫性が見事に設計されていることがわかります。

包丁の種類や素材に関わらず研ぎなどのメンテンナンスをしなければ高級な包丁でも切れなくなってきます。毎日研ぎをしているプロの方でも一定期間に一度は實光の職人にメンテナンスを依頼されます。

技を極めた職人によるメンテナンスは抜群の切れ味をよみがえらせ、またその切れ味が持続します。

どんないい包丁でも必ずメンテナンスは必要です

包丁は種類にかかわらず必ず研ぎなどのメンテナンスをしなければ切れなくなってきます。ネット販売の方でも、店舗販売の方でも實光は包丁を一生面倒みさせて頂きます。研ぎ、刃の欠け、柄の交換など包丁の問題はなんでも解決できますのでご相談ください。

(3) ブランド設計（共感シグナル、ブランド・ベネフィット）

ターゲットの具体化を実施し、顧客インサイトの分析を行ったことによって、ユーザーにとってどんな顧客体験が必要なのか?が見えてきました。

ここではいよいよ**ブランド設計**を行います。ブランド設計に必要な要素は2つです。

- **顧客体験の設計（ベネフィット）**
- **ブランドの共感シグナル（ロゴやショップ名、ブランド名）**

顧客体験の設計（ベネフィット）

實光刃物さんの場合、(1)(2)でまとめてきましたので、ここでは顧客体験の編集作業にはいります。

ターゲットの具体化については、左脳派スペック重視ターゲットに対して、包丁の種類をまずは決めて、次に素材を選び、刃渡りを選び、柄を選んでいく、というスペック重視の商品選定を行います。このタイプは、「欲しい包丁が見つかる4つのステップ」というバナーをクリックして詳細検索（絞り込み検索）を行って自分の欲しい包丁を選んでもらいます。

右脳派イメージ重視ターゲットに対しては、たとえば母の日ギフトで包丁を贈りたいというユーザーは、それほど包丁のスペックには興味が無く、どちらかというと汎用性の高い包丁が良いな、と思っています。ですから、母の日ギフトランキングを活用します。

さらにこのユーザーは「包丁名入れ」で検索するケースも想定できますので、「包丁名入れ」ページを強化します。執筆時点では検索順位で1位を獲得しています。

左脳派、右脳派、どちらのターゲットに対しても、顧客インサイトとしては「包丁が買えない理由」として包丁が捨てられない、という分析結果になりました。

そこで「引き取り供養サービス」の提供を開始して、あらゆる動線に説明バナーを設置することにしました。この一連の流れの構築こそが顧客体験の設計と言えると思います。

（ここではわかりやすくするために（1）ターゲットの具体化、（2）顧客インサイトの明確化のセクションで解決策まで言及していますが、本来解決策を検討するのが（3）のブランド設計のセクションになります）

純炭粉末公式専門店さんの場合、ターゲットの具体化は、腎臓が悪いユーザーに絞り込みました。腎臓が悪い方は、検査の数値が気になったり、日頃の食事制限も綿密な計算が必要になります。

顧客インサイトの明確化としては「病気の数値や食事制限についてなど、不安が募るので誰かに相談したい」ということが想定できます。

そこでブランド設計における「顧客体験の設計」としては、電話対応を充実させる、という結論に達します。社長の樋口さんは、前職では大手製薬会社で長年腎臓に関する創薬に従事しており、樋口さんの開発した薬は年間800億円以上の売上を上げたそうです。

その後も大学と連携して研究を続け、現在の炭サプリ「きよら」を開発しました。その経験を活かして電話でお客様対応をしています。

それだけではなく、たとえば夕方電話があり、親身になって30分ぐらいお客様と話をして、その結果受注したとします。時刻は午後5時。純炭粉末公式専門店さんは、当日出荷できるので、地域によりますが、翌日の午前中に配達されます。夕方5時まで電話していたお客様にしてみたら、翌日の午前中には商品が届いた、ということになり、ものすごく感動して、純炭粉末公式専門店さんに対して感謝するそうです。中には涙を流して喜ぶ方もいるそうです。

それだけ切実なお悩みに対する商品なのだということです。これらが強烈な顧客体験となることは想像に難くありません。

顧客体験の「一貫性」の観点からも優れた設計になっていることがわかります。

このような話をすると「やはりホスピタリティは重要。米国の靴屋さんザッポスしかり、電話対応をしっかり親身に行うことで最高の顧客体験を実現でき、ロイヤルティがアップして、リピーターや紹介が増えていくのだ」と思われるかもしれませんが、ここには一定の条件があります。

- **客単価が高く、粗利益率も高く、リピート性も高い商材であること**
- **定期購入等のストック型のビジネスであり、商材の品質的にもＬＴＶが高いこと、**

もしくは、

- **投資家からの資金調達が可能で黒字になる売上まで一気に持ち上げることが可能な経営環境にある**

つまり、利益が高くて一人のお客様からたくさんの利益をいただくことができるか、そうでなければ、一気にビジネスをスケールさせて利益額を増やして黒字化するか、どちらかが可能なビジネスでないと人件費等の固定費がかさんでしまうので利益を出すのは難しいと思います。

津田コスメティクスさんは、客単価が高く、粗利益率も高く、リピート性も高い商材なのですが、経営者さんは、おそらく自分と価値観の近い、優秀なスタッフさんとだけ仕事がしたい、と考えているようで、無理な人材募集はかけません。そのため、現状電話対応するスタッフが少ないので、お客様が電話をしなくても良いように「よくある質問」の充実を図っています。これも立派なホスピタリティだと思います。図14

図14 津田コスメティクスのQ&Aページ
www.tsuda-cosme.com/faq

ドクターズコスメ「津田コスメ」の公式通販サイト
TSUDA COSMETICS
カート
マイページ
MENU
Q&A よくあるご質問
ショッピングについて
会員登録について
製品全般について
T'sクレンジングウォッシュジェルについて
ブースターコンディショナーについて
美容液について
フィルムアップトリートメントについて
パーフェクトCエッセンスについて
スキンバリアクリームについて
スキンバリアバームについて
カラーバームについて
お悩み別のご質問

□ ブランド共感シグナルの開発

ブランド識別記号の開発ですが、これは具体的にはネットショップの場合**「店舗名」**や**「ブランド名」「ブランドロゴ」**の開発が該当します。

ここでは注意点をいくつかリストアップいたします。

・名前をブランド名にするときの注意

津田コスメティクスさんは、元々は店舗名が「TSUDA SETSUKO（ツダセツコ）」でした。ヨウジヤマモトみたいな名前をブランド名にしようとしたのだと思います。しかし、ヨウジヤマモトは、欧米読みになっているので、日本人にとっては記号のように感じることができるので問題ありませんが、「TSUDA SETSUKO（ツダセツコ）」の場合は普通の順番になっているので、ブランド名を呼ぶときに「名前の呼び捨て」になってしまうのです。

そのためどうしてもブランド名を呼びにくく、結果的に口コミが起こる速度が遅くなったことが予測されます。

呼びにくいことが原因なのか、因果関係は不明ですが、結果的に指名検索でも上位に上がってきませんでした。そこで「津田コスメティクス」という店舗名に変更することにしました。すると今度は呼びやすくなり、リニューアル後、瞬く間に指名検索や「津田攝子」で1位を獲得することができました。不思議なものです。図15

・会社名、店舗名、ブランド名を混在させない

店舗名を呼べない、という観点では、こちらもありがちな事例です。

私の事例で恐縮ですが、元々は著者でコンサルタントなので「水上浩一」という個人名を露出させていました。その後、会社名を変更して「株式会社ドリームエナジーコンサルティング」という名前をブランド化しようと思いました。そんなとき「EC実践会」がスタートして成果を上げていきます。3つのブランド名が混在する結果となってしまいました。そこで「水上浩一EC実践会」という名前だけを使うことにしました。最終的には「EC実践会」だけでよいと考えています。

図15　津田コスメティクスの店舗名変更

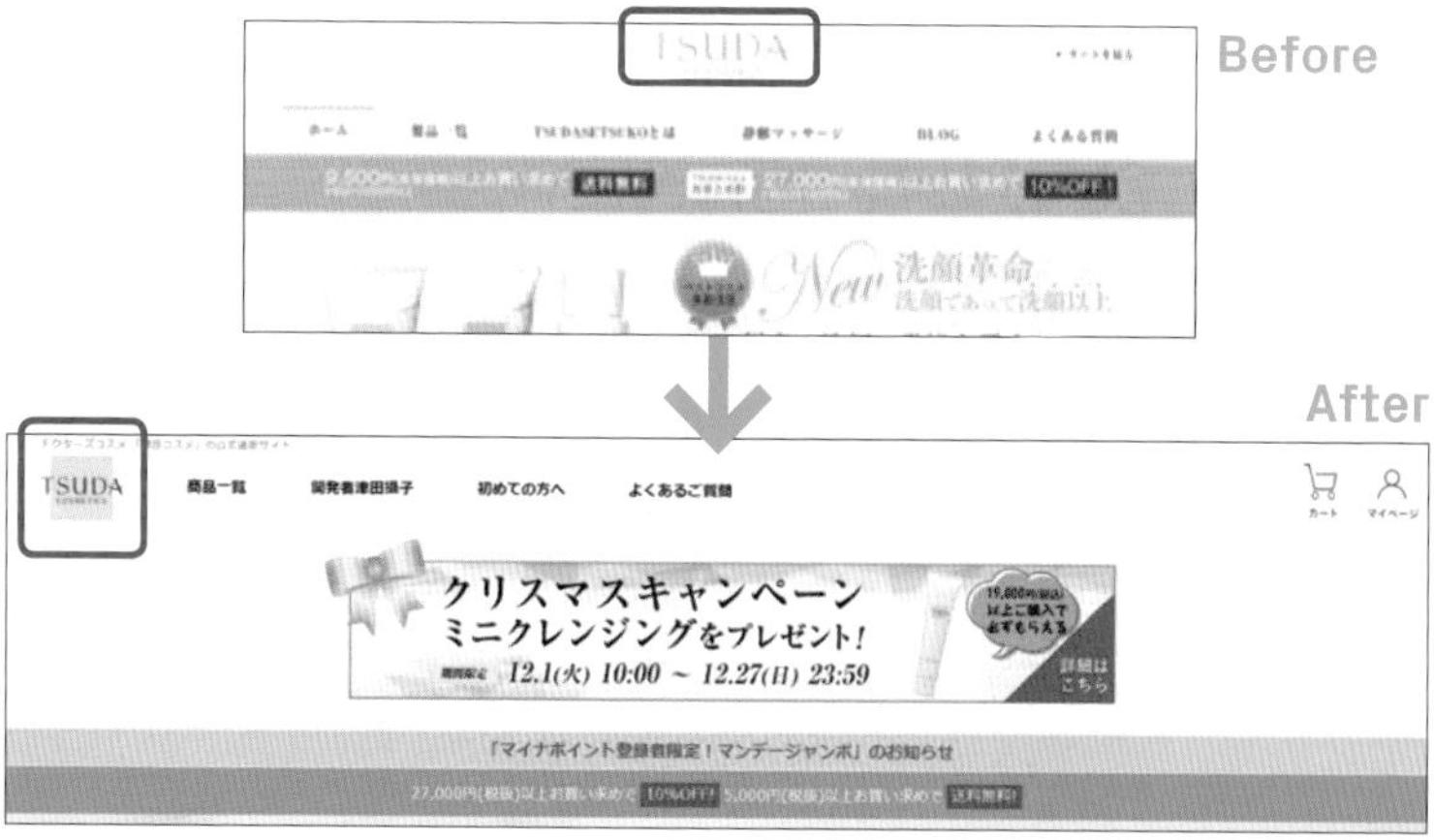

・読めない

ブランド名や店舗名、会社名が読めない、というのも結構あり、これが口コミの拡散を阻害しているケースもあります。

事例になっている「實光刃物」さん。唐突にお聞きしますが、読めますか？

「實」は「実」の旧字で、旧字を使うこと自体は120年以上の歴史を持っている会社として正しい判断だと思います。問題は一般の方が読めない、ということなんです。

そこで、スマホサイトの改修の際、ルールを決めました。

ロゴ・楯に「堺包丁」・實光（の間にひらがなで「じっこう」と記載）・刃物

の順番で記載することにしました。図16

この中で一番知名度が高いのが「堺包丁」なので、この表記を全ページに記載することにしました。現状SEOでは1位になっています。

こういった決まりを「**CI（コーポレート・アイデンティティ）**」と呼びますが、ネットショップの場合、スマホに移行してからはなおさら「イメージ」として店舗名も認識する方が多いことが予測されますので、こういった「**ロゴ・店舗名・呼び方・ブランド名**」のセット組みは重要だと思います。

図16 實光刃物のロゴ表記

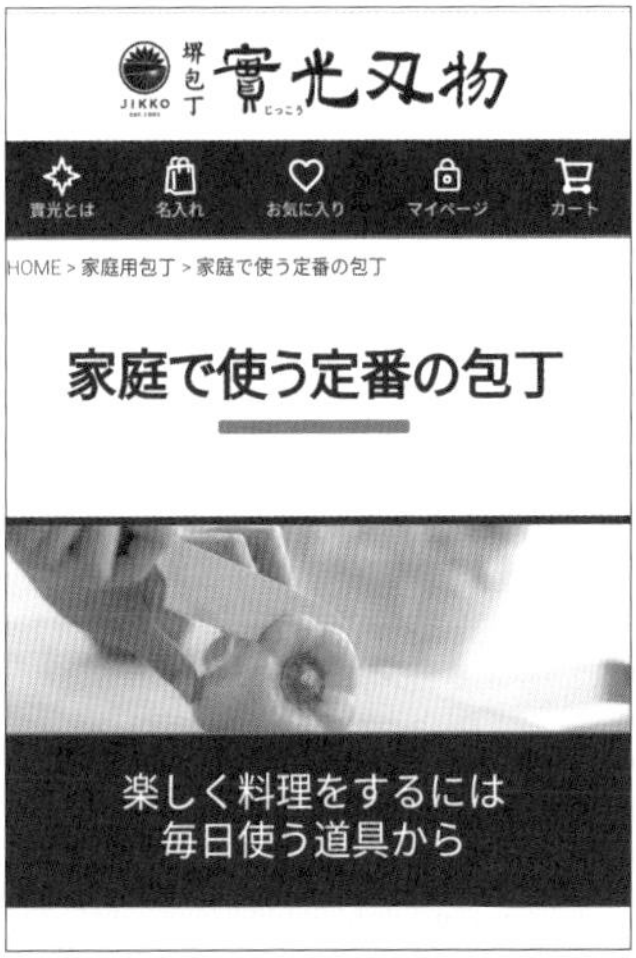

⑷ブランディングに基づく経営戦略策定（リソースの傾斜配分の決定）

「**経営戦略とは、自社の強みを活かして顧客の需要を満たしながら企業の持続的競争優位を確立するための仕組み作りとリソースの傾斜配分を決定すること**」と本書では定義いたします。

通常経営戦略は事業計画の最初に策定するのが定番と考えられていました。

もちろん、大手企業や大規模事業者の場合は、リソースの傾斜配分が最も重要であることは理解できます。

しかし、今回ブランディング設計についてまとめていて、どうしてもリソースの傾斜配分の決定は、ブランド設計をした上でないと決めることができない、と判断しました。

たとえば、實光刃物さんの場合、絞り込み検索やシーン提案＋絞り込み検索等のアイディアは、実店舗の接客のヒアリングから着想しました。

実店舗でのお客様とのやりとりによって、顧客インサイトを分析することができ、今回ネットショップの顧客体験の設計へとつながりました。

顧客体験の設計を実施するためにも実店舗への投資は必要だと考えることもできます。

顧客インサイトは、当然のことながら実店舗でも活用されることになりますので、**顧客インサイトの分析→顧客体験の設計**は、会社の大きな知的財産になります。

男着物の加藤商店さんは2019年10月11月12月2020年1月と東京青山のギャラリーでポップアップショップを出店しましたが、このような実店舗を出店するより少ない投資で顧客インサイトの獲得→ブランディングの設計という方法もあります。

ポップアップショップの知見はネットショップにも応用ができるものが多く、それによって顧客体験の設計を実施し、その後実店舗を運営していくという打ち手も考えられます。

その意味で、**経営戦略策定**（**リソースの傾斜配分の決定**）**は、ブランド設計をした後に実施するのが効率的**と判断しました。

實光刃物さんの引き取り供養サービスも、結果的にすでに供養塔があったので、すんなりサービスインとなりましたが、順番から言えば、引き取り供養サービスがブランド構築の中核となることを認識した上で、当初はご供養を提携のお寺に依頼する→自前で持つことがブランド価値を高めると経営判断→供養塔に投資する、というのが通常の意思決定手順だと思います。

純炭粉末公式専門店さんは、親身な電話対応を実施、午後5時までの注文分については当日出荷、早い場合は翌日午前中到着というスピーディな対応によってお客様に寄り添っていこうと考えたときに、受注、在庫、出荷の内製化、という経営判断になるのだと思います。通常は、売上が2倍になったり、現在も月商記録を複数月更新したりと快進撃を続けているので、出荷数量も数倍になっていることが予測されます。商品数も限定されていますし、賞味期限も長いので通常であれば物流のアウトソーシングを検討するのが自然な流れですが、樋口社長は顧客体験の設計上、内製化に舵取りを行いました。物流のアウトソーシングを実施すればスタッフ数は少なくても運営できます。しかし、固定費の削減よりも、電話サポートと午後5時までの注文分について当日出荷、という顧客体験の一貫性を確保するためには「多能工化（マルチタスク）」による内製がベストとの判断なのだと思います。（多能工化については150ページを参照）

これこそブランド設計があっての経営判断だと考える根拠となります。

⑤マーケティングの観点から見たブランディングの重要性

マーケティングの観点から見たブランディングの重要性は「**CPAの最小化**」「**CVRの最大化**」「**LTVの最大化**」の3つの視点となります。

1つずつ説明していきます。

CPAの最小化→商品名やブランド名の露出の最大化

これは言うまでもなく、店舗名やブランド名等「**指名検索**」での集客で多くのユーザーを獲得することができればできるほど、競合が存在しませんので、SEOでも1位を獲得できる可能性が高いですし、リスティング広告を運用する場合にもクリック単価が低いことが予測されますので、CPAを極限まで下げることが可能となります。

指名検索されるために最も重要なのは「**知名度**」を高めること。そして「**露出を高める**」ということにつきます。ここからはどうやって露出を高めるか?を検討していきます。

・指名検索キーワードの月間検索数の最大化

たとえば金沢の段ボール製造販売「ダンボールワン」さんは、インターネットでの広告を積極的に活用するだけでなく、テレビCMも活用したり、ユーチューブでの動画露出の結果、「ダンボールワン」という店舗名では月間平均検索数が2万2200回あります。

店舗名がビッグキーワードになっている訳です。これは強いですよね。図17

・効果的な立地での実店舗の出店、ポップアップショップ

ただ実店舗を出しただけでは知名度は上がりません。やはり実店舗は人通りを含めた立地がかな

図17　ダンボールワン

図18　knot

りの成果確率を占めていると思います。

男着物の加藤商店さんは、ポップアップショップを開店したときに、場所は青山・表参道での開催をまっ先に考え、土地勘の少ない店長の加藤さんは、いろいろな方に「どの辺に出店したらよいですか?」とヒアリングしていました。都会、ファッションの街＋着物、という雰囲気を演出できて良い選択だと思います。完全予約制だったのですが、台風の影響以外は、予約ですべて埋まったそうです。すごいですね。

カスタムオーダー腕時計「Ｋｎｏｔ（ノット）」さんは、現在、国内は12店舗、海外は台湾・台北、タイ・バンコク、ベトナム・ハノイ、韓国・ソウル、とその範囲をアジアにまで広げています。メイドインジャパンを訴求するのに最もイメージしやすいのが海外展開だったのかもしれません。図18

・メディア露出（テレビ、雑誌、マスメディア）

カスタムオーダー腕時計「ｋｎｏｔ（ノット）」

さんは、２０１９年12月にテレビCMをスタートさせました。時計がいろいろな色に変わっていくさまを動画で表現しているのですが、これはイメージ戦略として面白い試みだと思います。

津田コスメティクスさんは、これまでにも雑誌掲載２００誌以上、テレビ番組も「林先生が驚く初耳学！」に出演されました。

肉のスズキヤさんも、２０１９年８月に「新説！所ＪＡＰＡＮ」でかなり長い時間取り上げられ、その結果26日、27日と売上・アクセス数が10倍になりました。

図19　肉のスズキヤのロゴはいくつもあった

このときにブランド設計を実施したのですが、その内容をリストアップしてみます。

(1) ロゴの統一（いくつもロゴがあったのを統一）図19

(2) 信州遠山郷の山肉屋さん→自分で鉄砲で撃ってさばいて販売しているイメージを払拭→3つの特徴でクリーンルーム、HACCP準拠を訴求

(3) 山肉というキーワードはわかりにくいので「遠山ジビエ」という名称で統一、ロゴも策定、シールを作って全商品に貼り付けた。

(4) 遠山ジンギスの選び方コンテンツを作成（テレビ放送ではメインになる予定だった）

(5) その他、検索順位で1位もしくは上位にランクインしているページの改修

(6) テレビ放送後、「ビフテキじん」→「極厚牛旨味ステーキ」等、地元の名称で一般の方にはわかりにくい名称を変更→ヒット

その結果テレビからの新規ユーザーが育成。11月も前年対比150%アップ、12月はさらに売上を上げて月商記録を更新しました。

・SEO、ネットメディアでの露出

露出を高めるのはマスメディアや実店舗ばかりではありません。ネットでの露出を高める最有力手法と言えばやはり「**検索エンジン**」でしょう。

ワークストリートさんが、オリジナルブランドの安全靴・作業服「チャーリーワークス」をヒットさせ、安全靴は9千足以上の販売になったのも、月間検索数9万回以上のビッグキーワード「安全靴」で1位になったことが大きいと思います。

日本最大級のお取り寄せの情報サイト「おとりよせネット」さんは、グルメ・スイーツ系では非常に効果的な露出を高めるメディアとなっています。図20

おとりよせネットさんは、メディア自体のアクセス数も多いのですが、さらにこのサイトで露出が高まるとテレビやその他メディアに取り上げられることが少なからずあります。実際に肉のスズキヤさんもおとりよせネットさんに掲載後、テレビ取材が連続して起こっています。

その他、インスタグラムやツイッター、フェイスブック等も集客、露出の媒体としては可能だと思います。販売を中心で考えるならば、インスタグラムの「ショップナウ」機能が可能性ありそうです。ウィンドウショッピング型の販売形式を期待できます。図21（次ページ）

図20 おとりよせネット
www.otoriyose.net

図21 **新規集客の動線、インスタグラム活用**

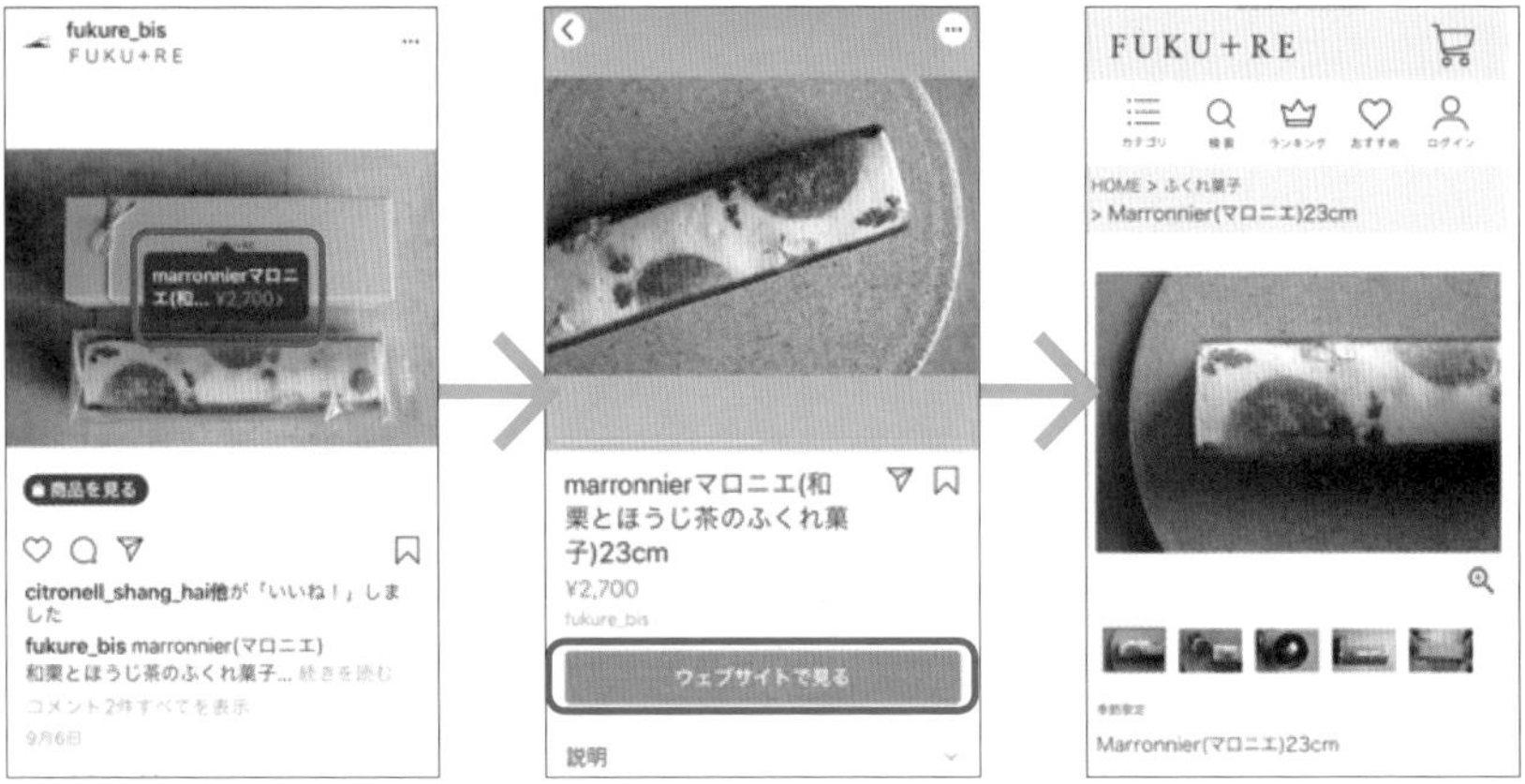

CVRの最大化→実店舗並のCVRを目指す

先ほどドッグピースさんの「はじめてのドッグピースに！トライアル　ホワイトロゴベスト」という事例を紹介しましたが、これは「**不安要素の解消**」を実現した集客商品とも言えると思います。

具体的には実店舗の「試着」をネットショップで実現したことになります。しかも「クーポン」が付いているので次の犬服購入への販促企画にもなっているところが秀逸なところです。

この不安要素解消集客商品のおかげで、他のコンテンツページがユーザーにとってより身近なもの、自分ごととなり**転換率（CVR）**が上がったことが月商記録更新の原動力となりました。ぜひ、顧客インサイト分析からのインデックスページの改修を実施してみてください。

LTVの最大化―購入頻度と接触回数を増やす

ブランド設計の一番の醍醐味はこの**LTVの最大化**だと思います。LTV（顧客生涯価値）の最大化には設計が重要だと思います。

・**集客商品→本命商品**

1回目購入から2回目購入が一番重要である、というのはこれまでも話しているとおりです。

・**リスティング広告（お試しセット）→定期購入へ**

純炭粉末公式専門店さんは、新規獲得にはリスティング広告も活用しています。

リスティング広告→お試しセット購入→ステップメール→定期購入

という流れを確立しています。

ステップメールというのは、カートシステムと連動して注文後たとえば3日後、7日後、10日後とあらかじめ設計されたメールを自動で送信するシステムのことをいいます。

この流れによって、新規集客による顧客リスト数も増加、そこからステップメールによって定期購入リストも増加する、という好循環を作り出すことに成功しています。定期購入数はここ数年間純増を継続しているとのことです。

第2章の「**拡張性分析マトリクス**」を活用いただき、「牛丼型・収集型」「シーン提案型」「カテゴリ拡張型」等のフレームワークでリピート率も上げていくことが可能です。

以上、ブランド設計がリピート利用にとっても効果的であり、ブランド設計こそがリピートするかどうかの重要な分岐点になるとも考えています。ぜひこのブランド設計を活用していただき、リピーターさんを獲得してLTVの最大化を実現してください。

CHAPTER 4

局地戦・差別化・一騎打ち・接近戦・陽動戦

ランチェスター戦略 6つの視点

(2) 局地戦

ウェブ戦略における**局地戦**は、日本国中、もしくはグローバルに展開できるインターネットマーケティングをあえて地域限定に露出することで成果を上げる戦略です。

鉄リサイクル業の山下商店さんは、リーマンショックの影響で売上が大きくダウンします。鉄リサイクル業というのは、たとえば自動車工場でドアを作るときに、鉄を削って作りますが、その削りかすを回収して、再び電炉で建築鋼材として再活用するビジネスです。

リーマンショックによって日本国内の工場は次々と海外へ移転していきます。それは同時に山下商店さんの商品である「鉄くず」が日本国内から消滅することも意味します。

鉄リサイクル業は、工場の鉄くずだけを回収するわけではありません。印刷会社を廃業するので印刷機を回収して欲しいとか、ガソリンスタンドの閉鎖で洗車機を回収したり、オフィスの移転に伴う家具の回収を行ったりもします。山下商店さんは、ランチェスター戦略を学び「接近戦」で近隣にチラシをまいて、そういったニーズを掘り起こそうとしました。しかし全く反応がありません。近隣にそういった需要が無かったからです。

取引先とのコミュニケーションを密にしようとニュースレターも出しました。しかし取引先は山下商店さんから鉄の買い取り価格だけ教えてもらえば良く、鉄くずを回収してくれれば良いので、ニュースレターがきっかけで売上が増えることもありませんでした。

電話対応をしっかりやろうと講師を呼んで社員教育をしましたが、全く効果がありませんでした。なぜかというと集客がうまく行っていなかったので、肝心の電話が鳴らなかったからです。チラシやニュースレター、電話対応等、ランチェスター戦略の「接近戦」による新規獲得がうまくいかなかったのです。

そこで山下商店さんは、インターネットを活用することを着想、ウェブサイトを構築します。数百万円の費用をかけて作ったウェブサイトですが、月に20件ぐらいの問い合わせしかありませんでした。しかも、ほとんどが小口の個人ユーザーでビジネス・インパクトは小さいものばかりでした。

何故かというと、そのウェブサイトに顧客の欲しい情報が全く掲載されていなかったからです。イラストにも50万円ぐらいかけたそうですが、顧客は綺麗なイラストを目当てに来訪しているわけではないのでそれも効果的ではありませんでした。なによりトップページのファーストビュー（最初に表示されるページの上部）にあるキャッチコピーが全く機能しませんでした。「鉄くず一筋50年。鉄くず回収が得意です！」と記載がありますが、鉄くず回収が苦手な鉄リサイクル業の会社が存在するでしょうか？ 図1

図1　山下商店、リニューアル前

一番顧客の目に付くファーストビューに、全く意味の無いコピーが掲載されているだけだったのです。これではウェブサイトをいくら作っても集客できません。

山下商店さんは、ウェブサイトのリニューアルを決断します。

リニューアルの結果、問い合わせ数：20件→430件に！

なんと、問い合わせ数が20倍になったのです。しかもビジネス・インパクトの大きい大口の受注も次々と舞い込みました。

要因の一つは、ウェブサイトの**ファーストビューの情報の変更**です。図2

一見、以前のウェブサイトよりも地味になった印象がありますが、顧客の欲しい情報が的確に記載されているのです。その情報とは、

・**信頼感。これまで16万5300件の取引実績を記載。**

図2　山下商店、リニューアル後

・安心感。粗野な印象のある鉄リサイクル会社ですが、丁寧な電話対応、迅速な返事と記載。（ここでかつての電話対応の研修が奏功した）
・迅速な対応。ご連絡受領後最短30分でお伺いできます。
・的確さ。期待を上回る仕上げ（掃除がきれい）

といった内容で、とにかく顧客は、すぐに対応して欲しい、回収時間を明確にして欲しい、回収したあと、綺麗にしていって欲しい、と鉄リサイクル会社さんに望んでいたのです。つまりここでも顧客インサイトの明確化が重要ポイントだったということです。

もう一つ、以前のウェブサイトの運用で問題だったのは**アクセス数**です。

イラストを多用するのは見た目は綺麗に見えますが、テキストが入っていないのでＳＥＯの観点からは問題も多く、実際に検索順位も低く、それが要因でアクセスが少なかったので問い合わせ数も少なかったのだと思います。

アクセスが少ないからといって、やみくもに広告を運用しても、回収可能なエリア以外からの問い合わせでは仕事になりませんので、ムダ打ちになってしまいます。

そこで、鉄回収が可能なエリアに絞り込んで**リスティング広告**を運用しました。地域限定での表示に設定したので広告費も月額数万円で済んだそうです。

その結果、問い合わせ数20倍、経常利益が昨年対比で５００％ＵＰしたそうです。

的確な情報を、ピンポイントのエリアに表示させる。これがウェブマーケティングにおける「**局地戦**」です。

リスティング広告やディスプレイ広告は、このようにエリアを絞り込めるだけではなくて、時間帯も絞り込むことができます。

たとえば、観光施設の集客にリスティング広告を運用したときは、ピンポイントのエリアとしては、観光施設から日帰りできる地域に絞って広告を運用させることで日帰りユーザーを獲得することに成功しました。

　また、このときは時間も絞り込むことにしました。早朝から9時ぐらいまでは、すでに現地でオープンを待っている観光客がスマホで天候等の情報を入手するためにウェブサイトに来訪することが予測できたので、あえて朝6時から9時までは広告を表示させませんでした。集客とは関係無いクリックを避けるためです。

　ネットショップでも実際に購入者情報を分析して、購入者の多い地域とそうでない地域を選定。購入者の多い地域に絞り込んで広告を配信したり、通勤時に交通機関を使う可能性の高い都市部では通勤時間帯にスマホに広告を表示させる一方、通勤に車を使う可能性の高い地域では通勤時間帯には広告を表示させない、等のチューニングを行い、効率的に広告表示させることでCPA（顧客獲得単価）を調整することが可能です。


　山下商店さんは、さらに進化を遂げます。

「鉄リサイクル業」のボトルネックは稼働率のキャパシティ、つまりトラックの積載能力×1日の訪問件数×月の稼働日数で売上の上限がトラックの稼働率で決まってしまいます。それ以上の売上を上げるとなると、相手に持ってきていただくしかありません。

　つまり、持ち込みユーザーを増やすことが必要になります。

　この考え方は、飲食店におけるテイクアウトやドライブスルーと同じ意味合いとなります。飲食店の場合、店内の客席数×回転率×営業日数×客単価が売上の上限になります。客席の稼働率以上の売上を上げようとすれば、客席を増やさなければなりませんが、スペースの限界があるのでそうもいきません。その意味で、テイクアウトは顧客の職場や自宅が、ドライブスルーは顧客の車内が客席になる、という考え方になります。山下商店さんの場合は、顧客に鉄くずを持ち込んでもらう

図3 **下段の固定メニューに価格表を設置（山下商店）**

www.tetushigenkan.com

ステンレス価格表ブログ　　鉄価格表ブログ

ことで、顧客の車に商品を運んできてもらえる、ということになるのです。

そこで、再度全面リニューアルを実施。見た目も洗練されましたが、今回のリニューアルの注目点は、スマホサイトにおける、下段の固定メニューの設置です。

そこに鉄、アルミ、ステンレス、銅等の価格表のボタンを設置しました。各種価格表は毎週ブログで更新しています。

持ち込み顧客の最大の関心事は「買い取り価格」です。図3

この価格表は特に持ち込みのユーザーにスマホで、よく見られているようで、その結果持ち込みが急増。リニューアル後に、なんと持ち込み金額が以前の200%UPになったということです。

ランチェスター戦略 6つの視点

(3) 差別化

差別化については、「**キュレーションマーケティング**」という観点で、情報の再編集、再構築によって商品価値を生み出す方法があります（前著『SEOに強い！ネットショップの教科書』で説明しています）。

たとえば、沖縄のお土産品を販売しているネットショップが、沖縄県内ならどこでも販売している商品を選りすぐり「修学旅行生にはコレを買っておけば間違いないセット」としてリリース。大ヒットとなったセットですが、この事例は、ターゲットを絞り込んだセットにすることで、どこにでもあるお土産品に新たな視点をプラスして価値を生み出した訳です。このように新たな視点をプラスして価値を生み出すことを「**キュレーション**」と呼びます。（詳細は前著に10の視点とそれらについての事例を掲載しておりますので、是非お読みいただければと思います。）

今回はそれとは違った視点で「**差別化**」について考察してみたいと思います。

1章でも活用した「**バリューチェーン分析**」をベースに、強みをどう活かしていくのか、弱みをどう克服していくのか、コスト構造を変革させることで業界特性をどのように変化させていくのか、といったところに焦点を当てることで差別化していく、という考え方です。

言い換えると「キュレーションマーケティング」の視点によって、価値の再編集を行ったことで、どのように業界特性が変わり、経営戦略的に模倣されにくい差別化が実現できているのかを「バリューチェーン」を活用して分析している、ともいえると思います。図4

図4 バリューチェーン分析

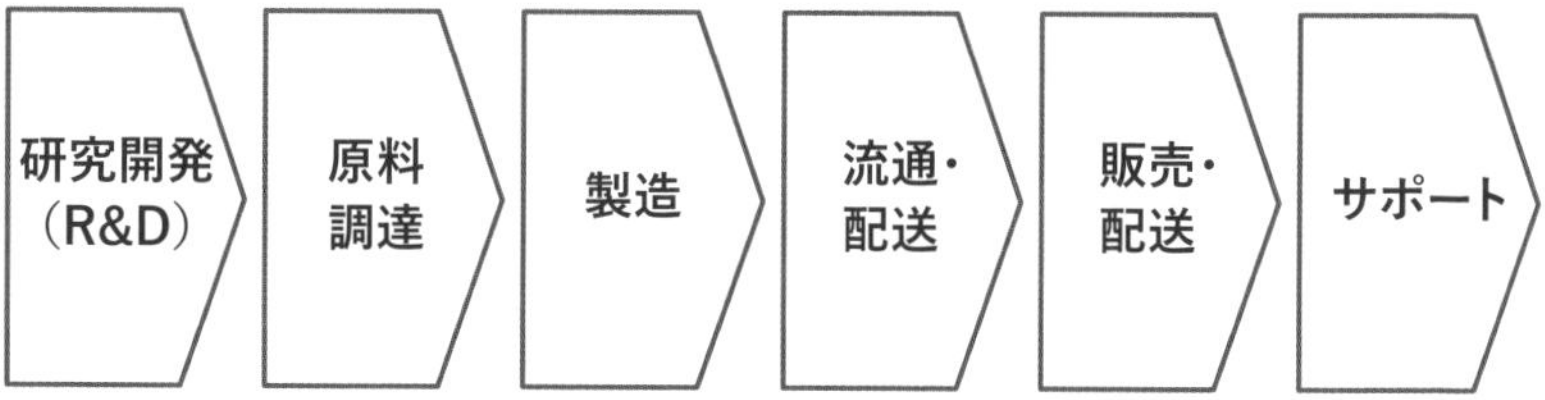

最初にこの項で出てくる語句の説明をします。

「規模の経済（スケールメリット）」とは、一般的には、規模の経済とは、事業規模が大きくなればなるほど、単位当たりのコストが小さくなり、競争上有利になる効果のことです。

「範囲の経済」は、既に持っている資源を他事業と共有化することにより、一つの単独事業では実現できないコストメリットの獲得を目指すことです。シナジーとも言います。

「経験曲線」は、製品の累積生産量が増加するに従い、製品1単位当たりの生産コストが一定割合で減少することを言います。作業スタッフの習熟度や作業方法の標準化（マニュアル化）により実現可能となります。

それでは、バリューチェーンの各パートにおける差別化の視点を、事例を用いて解説していきたいと思います。

（1）研究開発（R&D）

研究開発費（固定費）への1製品あたりコストが安くなる（規模の経済）。開発技術の横展開、流用ができる（範囲の経済）

研究開発部門での研究テーマに、複数のポートフォリオを組み、リスクを削減できる。

■事例

研究開発の流用（シナジー）、複数のポートフォリオという観点での事例としては犬服製造販売のドッグピースさんが挙げられると思います。図5

ドッグピースさんの強み（差別化要素）は毎週金曜日に新商品・再入荷商品がアップされる、つまり毎週新商品ができる企画力です。一方、弱点（ボトルネック）は、在庫管理と、製造現場のキャパシティの上限が売上の上昇によって（いまはまだ起こっていませんが）いつか来てしまう、ということでしょう。

（1）研究開発の強みの一つ、毎週新商品ができるということは、会社に「型紙」という資産が蓄積されていることになります。まずはこれを販売することで研究開発費への1製品あたりコストが軽減されます。しかも、「型紙」という商品はほとんど情報に価値があり、型紙自体のコストは紙代だけですので、低コスト、高付加価値の商品になるわけです。さらに型紙という資産を活用しつつ、（3）製造のボトルネックを解消する画期的な商品も登場します。それは1章でも説明した「犬服の手作りキット」です。

図5 ドッグピース
www.dogpeace.co.jp

図6 ドッグピース

ボトルネックである製造工程をユーザーにゆだねる、もしくはユーザーにバリューチェーンへ参加してもらうことでボトルネックを解消する、というアイディアでもあることはすでに説明した通りです。図6

ちなみにこの「犬服の手作りキット」ですが「アンゾフのマトリクス」的に考えると、一見既存顧客へ新商品を販売しているように見えますが、実際には完成品を購入するユーザーと、型紙・キットを購入するユーザーは全く異なるそうです。

したがってどちらかというと新規顧客へ同じノウハウの転用（範囲の経済）での販売となります。このように分析していくとドッグピースさんのビジネスモデルの強さがご理解いただけると思います。

(2) 原料調達

規模の経済を効かせることで原料調達力が高まり5フォースで言うところの「売り手の交渉力」の脅威を軽減できる。

調達規模が、調達先の製造・輸送コスト等の削減につながりコスト軽減に貢献できる。

図7　ワークストリート
www.work-street.jp

■ **事例**

安全靴、作業服、レインコート等のセレクトショップ、ワークストリートさんは、「安全靴」というビッグキーワードで検索順位1位を獲得。その集客力を武器にして、オリジナル安全靴「チャーリーワークス」を販売しています。

販売数量は現在9500足を突破。その販売力によって、カラーバリエーションも増やすことが出来て、魅力がアップしています。

さらに、海外生産なので、製造ロットが増えることで、同一コンテナの場合、輸送コストに「規模の経済」が効きコストが低くなります。図7

□（3）製造

規模の経済を効かせることで製造設備の投資（固定費）**に対する1製品あたりのコストが安くなる。**

学習効果による生産効率性（歩留まりアップ、生産人数の削減）**の向上**（経験曲線）。

■ **事例**

長野県飯田市の水引和風包装資材の製造・販売「大橋丹治《おおはしたんじ》（会社名・店舗名です）」さん。代表的な「梅結び」等、水引を使った包装資材を製造していますが、ほとんどが内職さんの手作業です。図8

大橋丹治さんのネットショップは、「水引」という月間平均検索数2万7千回のビッグキーワードで常に1ページ目にランクインしています。そのSEOが奏功して内職さんの応募者数が多く、年間14万個という受注量をまかなえる人数の内職さんが常に在籍しています。それが他の店との圧倒的な差別化になっています。

安定した大量受注量をこなしているので、内職さんが短期間で経験値が高くなり、学習効果によって歩留まりが高くなり、品質もアップします。（経験曲線）

図8　大橋丹治
www.oohashitanji.jp

犬服製造販売のドッグピースさんの現場も、正確には製造現場ではありませんが、毎週金曜日に新作犬服をリリース。金曜日は受注が入ってくるだけなのでパートさんには半日で仕事を終えてもらうそうです。

金曜日、土曜日、日曜日の売上を一気に月曜日に出荷するため、月曜日はパートさんにフルタイムをお願いしているそうです。このように金曜日に犬服新作のタイミングで受注をコントロールしているので、パートさんのシフトが安定。定着率が高く、経験値の高い人材を継続的に契約できるそうです。

□ （4）流通・配送

流通については、仕入、つまりサプライサイドの流通と、販売、つまりデマンドサイドの流通が存在。それぞれ3系統あり、長所短所を使い分ける必要性がある。

■ 事例

サプライサイドの流通には**（1）自社製造、（2）メーカーから直接仕入、（3）メーカー→卸問屋を仲介**、の3系統があります。

デマンドサイドの流通も同様に**（A）自社直販、（B）小売店への卸販売、（C）卸問屋への販売**の3系統があります。

サプライサイドの流通では（1）、（2）、（3）の順でコストが上がっていきます。しかし、通常は同じ順番で仕入ロットが少なくても可能であることが多いので、ケースバイケースで使い分ける企業も多いのです。ワークストリートさんは、この3つの流通をうまく使い分けています。

デマンドサイドの流通では、（A）、（B）、（C）の順で販売価格は通常低くなっていき、同じ原価の場合、粗利益率と連動することになります。しかし通常は同じ順番で販売量が多くなっていくので、特にメーカー機能を持っている企業はケースバイケースで使い分けているようです。

「H&M」や「ザラ」のようなファストファッションが採用している「SPA（製造小売業）」は（1）自社製造→（A）自社直販のモデルとなり、サプライサイドとデマンドサイド両方に仲介する企業がいませんので、最も粗利益が高い、もしくは原価が低いので価格をコントロールできることになります。その代わり、製造ロットも大きく、そのロットをさばく販売量も必要となります。また自社での生産になるので、商品企画から自社で行うことになります。商品企画力と販売力が重要な要素になります。ドッグピースさんは、犬服業界の小型のSPAモデルと言えると思います。

□（5）販売・配送

調査・販促時のマーケティング費用（固定費）**に対する1製品あたりのコストが安くなる。専任営業体制の確保により、営業成績が向上する。**（経験曲線）

■ 事例

ネットショップの多店舗運営組織には大きく2パターンが考えられます。図9

- **並列型**
- **一体（直列）型**

並列型とは、1店舗につき店長さんを1人立てる店舗運営形態のことです。店長さんには、受注管理等のサポートデスク要因のスタッフさんが1〜2名それぞれに配置されます。制作については、制作部に一括で依頼する場合と、それぞれがそれぞれのお抱え制作会社を持っている場合もあります。

一体（直列）型とは、一つの大きな組織、ネットショップ事業部全体で全店舗を担当して、店長は各店舗を統括する人員を1名配置して、1つの組織で運営していく形態です。受注担当も制作担当も、サポートデスクも同じ組織内に存在することになります。

並列型、つまり各店舗それぞれに店長を置くタ

図9 ネットショップの2つの運営パターン

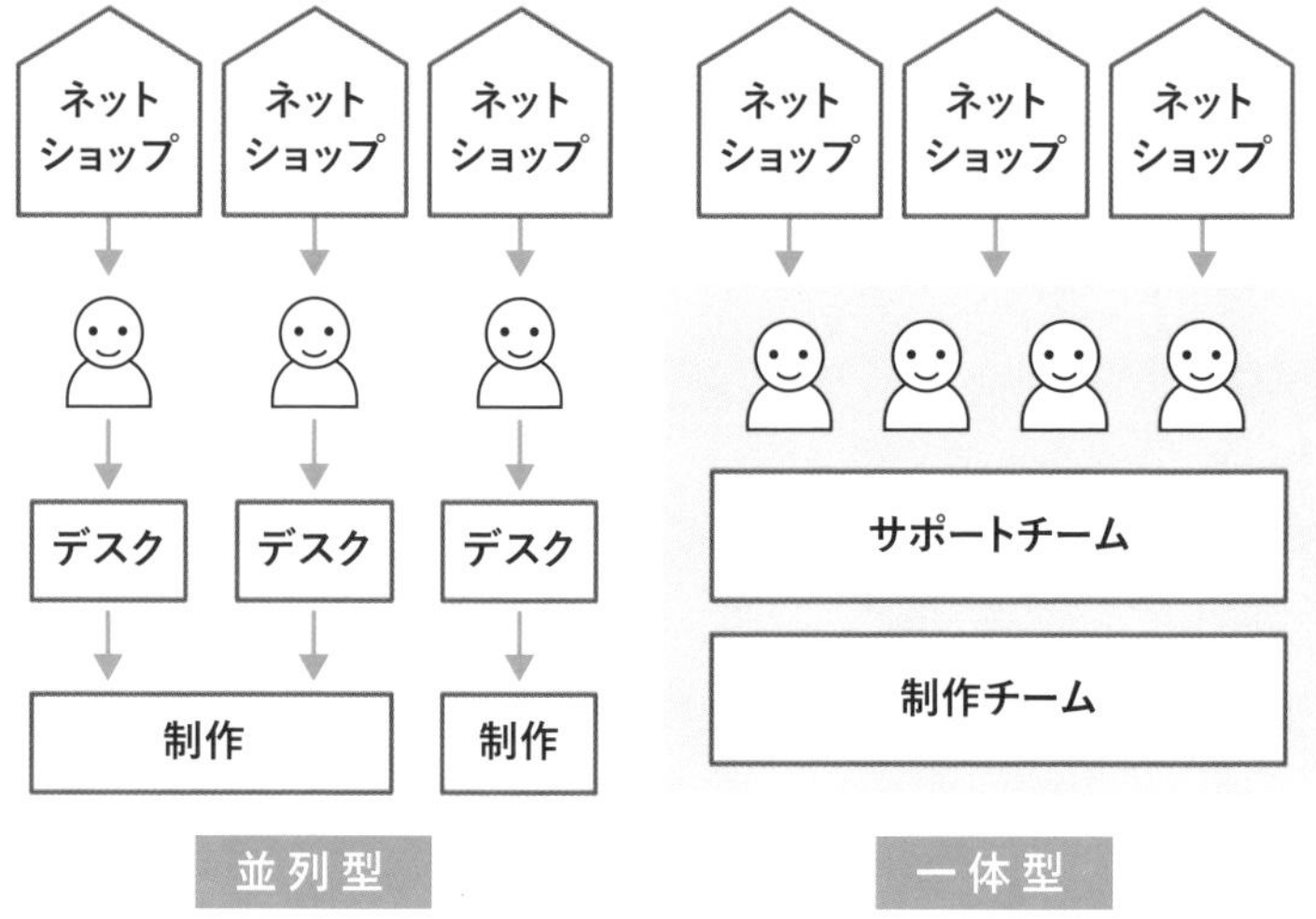
ネットショップ
ネットショップ
ネットショップ
デスク
デスク
デスク
制作
制作
並列型
ネットショップ
ネットショップ
ネットショップ
サポートチーム
制作チーム
一体型

イプの運営形態の長所は、各店舗ごとに店長という担当者が存在するので、それぞれの店舗の売上目標に対する責任の所在が明確になります。実際店長さん同士が成果を競い合っている会社ほど、売上は伸びていく傾向にあります。

一方で、店長さん同士で競い合えば競い合うほど、成果要因が共有されなくなってしまう可能性があります。「敵に塩は送らない」というスタンスになってしまう可能性があります。

一体型つまり、多店舗を1つの組織で運営していく形態の長所は、並列型の逆で、情報の風通しが良くなる点です。たとえば自社ECサイトの商品ページで転換率が上がった表現方法を、楽天市場店でも実装する、ということが可能となります。短所としては、1店舗に対する責任の所在が不明確なので、1店舗1店舗の売上に対する貪欲さは並列型より弱くなります。

並列型は、定期的に成果共有会議を開催する等で情報の横展開を実現することで弱点を解消することが可能です。

一体型は、店長、もしくは店舗責任者を設置して各店舗の責任を明確にした上で、チーム全体で各店をサポートしていく、という運営形態で弱点の解消が可能です。

(6) サポート

規模の経済によりサポート体制（固定費）**に対する1製品あたりのコストが安くなる**（ただし、稼働率をどう上げていくか。KPIの設定と品質向上のトレードオフの解消が重要な課題）

学習効果により業務効率性が向上（コールセンター等：システム・管理・人的確保）（経験曲線）

事例

純炭粉末公式専門店さんは、少人数で電話注文の対応や、お客様からのお問い合わせに対応したり、受注処理、ピッキング、梱包、出荷、ブログ

の更新、メールの返信等を行っています。しかもそれらを基本17時までに完了させています。図10

そのため、「多能工化（マルチスキル、一人で複数の業務や作業を行うこと）」を実現。全スタッフが電話による顧客サポートができる知識を得た上で、ネットショップや電話注文の受注処理をマスターし、出荷までを行っています。これにより少人数で多くの注文や顧客サポート、出荷を迅速に行うことが可能になりました。

これによりお客様評価も向上。定期購入の定着率は非常に高いと聞いています。

図10 純炭粉末公式専門店
www.juntan.net

ランチェスター戦略 6つの視点

（４）一騎打ち

ＳＥＯにおいて、楽天市場やアマゾンといった総合ショッピングモールは、次の要因で検索順位が様々なキーワードで軒並み高くなっています。

（１）商品点数が多い

楽天市場の出店状況（２０２０年６月１日現在）
店舗数：４万９９７８
商品数：２億７４４９万４１５３点
アマゾンの日本事業売上高（２０１９年１〜12月）
ドルベースで１６０億２００万ドル
円ベースで１兆７４４２億１９００万円
（２０１９年の平均為替レートを１ドル＝１０９円で換算）
この売上高には直販ビジネスのほか、第三者による販売（マーチャント売り上げ）**の手数料収入、定期購入サービスなどが含まれる**

※出典：https://netshop.impress.co.jp/node/7221

アマゾンの法人・個人事業主様向けのビジネス購買専門サイトである「アマゾンビジネス」だけで5億アイテムあると言われています。

(2) 圧倒的なアクセス数

アマゾンの2018年8月に調査した月間アクセス数は5億4320万アクセス

楽天市場の2018年8月に調査した月間アクセス数は3億5901万アクセス

この数字を見ればおわかりのように、商品点数を増やしてもアマゾンの数億アイテムには遠く及びません。アクセス数も月間3億セッションとか5億セッションに対抗することはまず不可能です。

ですから、こういった数字で楽天、アマゾンにSEOで対抗しようと思っても無理であることがご理解いただけると思います。

そこで「**E-A-T**」、特に「**専門性**」を重視した店舗設計を行うことになります。

つまり「総合店」に対して「専門店」で勝負する、ということです。これがウェブ戦略における「**一騎打ち**」です。

専門性で勝負することで、セッション数や商品数では無い部分での勝負となります。

ちなみに「E-A-T」とは、Expertise（専門性）、Authoritativeness（権威性）、Trustworthiness（信頼性）のそれぞれ頭文字をとって省略した呼び方で、グーグルが示す検索品質評価ガイドラインで定義されているウェブサイト評価基準のひとつです。

あくまで個人的な推測ですが、商品数やアクセス数だけがSEOのシグナルの重要な要因だとすると、ほとんどすべての商品名やカテゴリ名での検索結果のトップには、アマゾンや楽天がインデックスされることになります。それだったら、最初から楽天やアマゾンで検索すればよいことになります。

実際に米国では商品検索の約半数がアマゾンでの検索になっているという情報もあります。それはグーグルにとっても得策ではないですし、なによりネットショッピングが楽しくなくなってしまいます。その意味でも「検索結果の多様性」というのは重要なのではないか、そのための評価基準が「E-A-T」なのではないか、というのが私の見解です。

■事例

シアターハウスさん

・ターゲットキーワード
「スクリーン」月間平均検索数1万8100回
「プロジェクタースクリーン」月間平均検索数1万4800回

プロジェクタースクリーンを製造販売しているシアターハウスさん。図11

図11 シアターハウス
www.theaterhouse.co.jp

２０１９年１月時点での検索順位は「スクリーン」で圏外、「プロジェクタースクリーン」でも９位に落ちてしまっていました。

その後、プロジェクタースクリーン専門店であることを明確に訴求していきました。

また、非常に選びにくい商材であるプロジェクタースクリーンを

- **スクリーン詳細検索**
- **機種からスクリーンを選ぶ**
- **用途や機能からスクリーンを選ぶ**
- **スクリーンサイズから選ぶ**

といった「選び方」を充実させました。図12

図12 「選び方」を充実（シアターハウス）

その結果、「スクリーン」1位、「プロジェクタースクリーン」1位となることができました。

ちなみに2位はどちらのキーワードでもアマゾンがランクインしています。本書執筆時点で、アマゾンを抑えての1位を獲得しています。図13

これもシアターハウスさんが、プロジェクタースクリーン製造販売の専門店だからこその「E-A-T」がグーグルに評価された結果だと考えています。

専門店の1位と言えば、京都の補正下着専門店「タムラ」さんも、楽天市場や競合店舗を抑えて1位を獲得しています。（原稿執筆時点）図14

タムラさんは、「site:」で調査するとインデックス数は600ぐらいしかありません。それに対してたとえば競合サイトは3万5000インデックスあります。

（ちなみに「site:」では大雑把なインデックス数しか調査できません。自社の正確なインデックス数を調査する場合は

図13 「スクリーン」「プロジェクタースクリーン」の検索結果

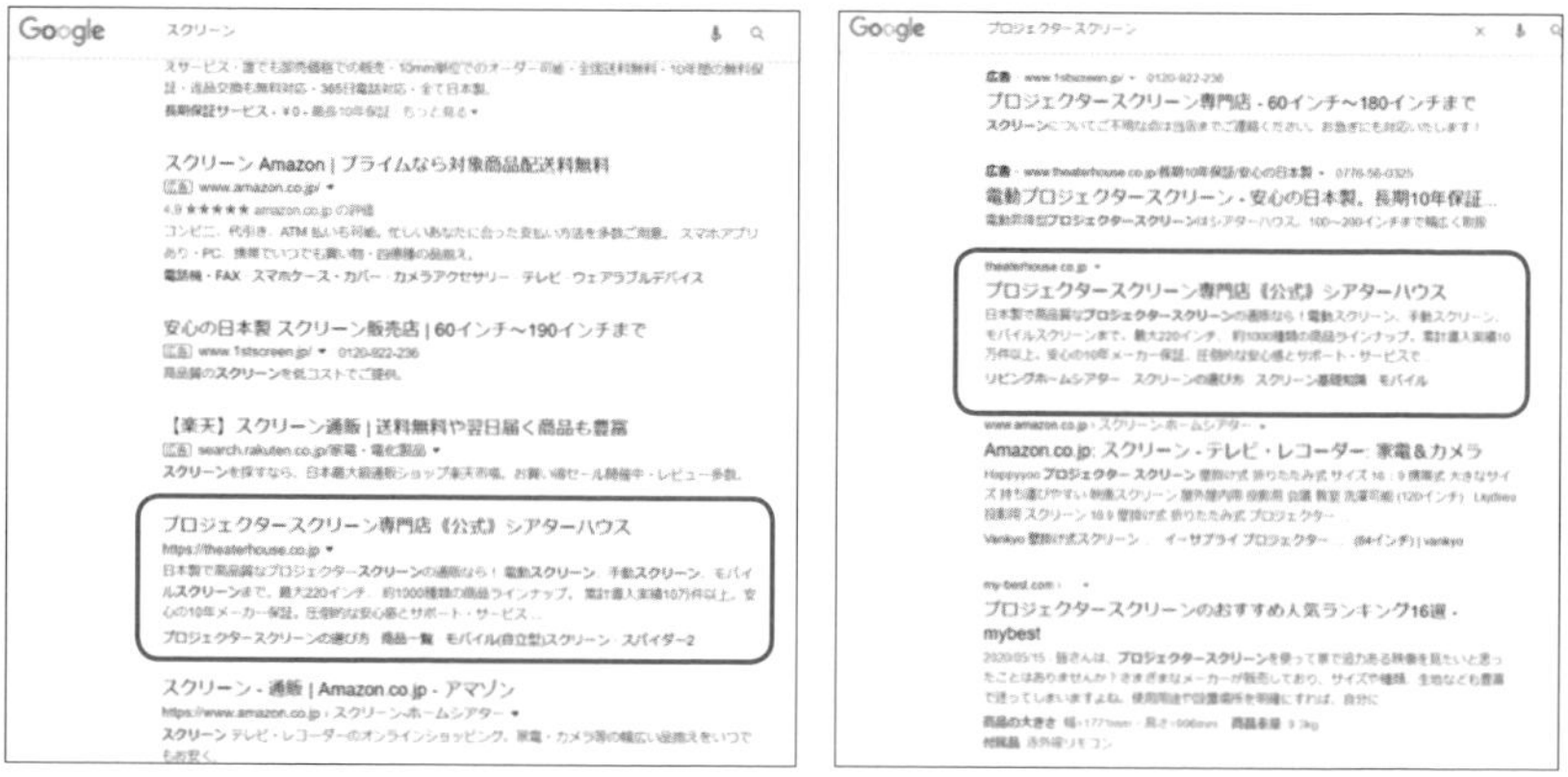

Google Search Consoleを使います。今回は、競合サイトの調査だったのでザックリした数字を把握するつもりで「site:」を使用しました。）

しかし、タムラさんの方がランクが上なのは、競合サイトが楽天市場のようなモールだったり「総合下着専門店」だったりするので、補正下着に対する専門性について、タムラさんの方が「E-A-T」的に評価されていると予測します。こういった専門性の高いネットショップが「選び方」を充実させたページを作成することで「E-A-T」を訴求、検索結果の上位表示を実現できていると考えています。

図14　補正下着専門店「タムラ」

www.magasin-ups.jp

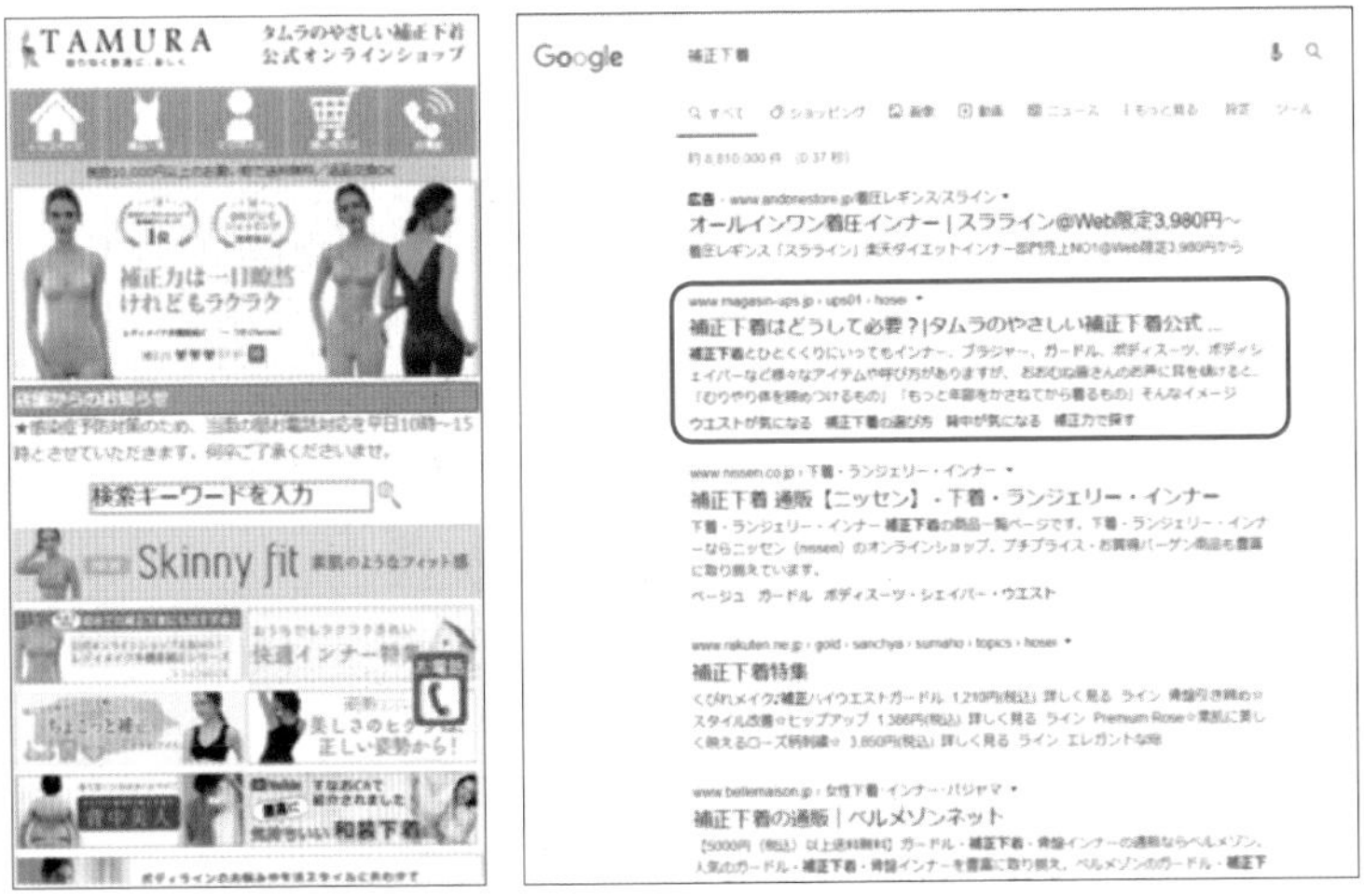

ランチェスター戦略 6つの視点

（5）接近戦

接近戦には2つのポイントがあります。

（1）リスト集客（メールマガジン、LINE@、ソーシャルメディアのフォロワー）

（2）特別な場所の小売店による各種メディア露出、歴史監修によるブランド化、それらの結果としてイベント集客によるリストの増加

それぞれ説明します。

（1）リスト集客（メールマガジン、LINE@、ソーシャルメディアのフォロワー）

戦国武将グッズの製造販売「戦国魂」さんの事例です。図15

詳細は次章で「売上高構成比率とキー・プロダ

図15 **戦国魂**
www.sengokudama.com

クト」について分析いたしますが、ここではメルマガとソーシャルメディアからの集客によって最高月商を更新したときとその前月の対比を見てみたいと思います。

２０２０年４月の月商は１２４万１５７８円でした。そのときのデータです。

・メルマガ流入：７６９セッション：
売上９万７３９５円（７・８％）

・ソーシャルからの流入
ツイッター：９６０セッション：
売上９万１１４６円（７・３％）
フェイスブック：２３６セッション：
売上９９２７円（０・７％）

それに対して、最高月商を更新した２０２０年５月の月商は５１０万６７９９円でした。

・メルマガ流入：２８４６セッション：
売上１１６万１４２円（22・7％）

・ソーシャルからの流入 図16

図16　2020年5月のソーシャルからの流入（戦国魂）

ソーシャルネットワーク	集客			行動			コンバージョン eコマース		
	ユーザー	新規ユーザー	セッション	直帰率	ページ/セッション	平均セッション時間	eコマースのコンバージョン率	トランザクション数	収益
	3,023 全体に対する割合: 11.30% (26,747)	2,537 全体に対する割合: 11.12% (22,816)	4,555 全体に対する割合: 11.95% (38,119)	47.88% ビューの平均: 53.82% (-11.03%)	5.31 ビューの平均: 4.95 (7.22%)	00:03:41 ビューの平均: 00:03:02 (21.73%)	7.16% ビューの平均: 3.79% (89.08%)	326 全体に対する割合: 22.59% (1,443)	¥951,854 全体に対する割合: 18.64% (¥5,106,799)
1. Twitter	2,118 (69.92%)	1,747 (68.86%)	3,415 (74.97%)	48.05%	5.84	00:04:09	8.17%	279 (85.58%)	¥796,039 (83.63%)
2. Facebook	877 (28.95%)	760 (29.96%)	1,100 (24.15%)	47.55%	3.72	00:02:16	3.91%	43 (13.19%)	¥143,495 (15.08%)
3. Ameba	14 (0.46%)	11 (0.43%)	15 (0.33%)	26.67%	3.60	00:06:36	20.00%	3 (0.92%)	¥7,040 (0.74%)
4. Instagram	13 (0.43%)	13 (0.51%)	14 (0.31%)	35.71%	4.43	00:02:55	7.14%	1 (0.31%)	¥5,280 (0.55%)
5. Pinterest	4 (0.13%)	4 (0.16%)	4 (0.09%)	100.00%	1.00	00:00:00	0.00%	0 (0.00%)	¥0 (0.00%)
6. (not set)	1 (0.03%)	1 (0.04%)	2 (0.04%)	50.00%	1.50	00:00:01	0.00%	0 (0.00%)	¥0 (0.00%)
7. Line	1 (0.03%)	0 (0.00%)	4 (0.09%)	75.00%	1.75	00:00:09	0.00%	0 (0.00%)	¥0 (0.00%)
8. YouTube	1 (0.03%)	1 (0.04%)	1 (0.02%)	0.00%	7.00	00:01:03	0.00%	0 (0.00%)	¥0 (0.00%)

ツイッター：3415セッション：売上79万6039円（15・58%）
フェイスブック：1100セッション：売上14万3495円（2・8%）

定量平均データですと全体の売上の内、メルマガからの売上構成比は16～20%となっていますのでこの月の売上高メルマガ構成比率はそれよりも高い数字を示しています。さらにツイッターもほぼ16%に近い数字をたたき出していることがわかります。

それよりも、メルマガとソーシャルメディアを合算して「ハウスリスト」と考えると、メルマガ、ツイッター、フェイスブックの合算売上高構成比率は41・45%となっていて、全売上の4割を越えているのです。図17

図17　4月と5月の月商、セッション数等データ比較（戦国魂）

	月商	セッション数	転換率	客単価	リスト売上
2020年4月	1,241,578円	22,456	1.17%	@4,739円	19.8万円（15.98%）
2020年5月	5,106,799円	38,119（169% UP）	3.79%（3.2倍）	@3,539円	211.6万円（41.45%）

4月と5月のリストの反応率がこれほど違った理由は明確で、2章の拡張性分析マトリクスでコレクション性の高い商品として紹介させていただいた「墨城印」「墨将印」のリリースにリストのユーザーが反応したからです。図18

つまり、ハウスリストに刺さる商品提案があった、ということだと思います。もしくはハウスリストに刺さる販促企画提案が必要だということです。

逆に言うとハウスリストが何通あってもリストに刺さる商品や販促企画で無ければリストは機能しない、ということでもあります。ソーシャルメディアやメルマガをネットショップで活用する場合の非常に難しいところでキモだと思います。

図18　**戦国魂の新商品にユーザーが反応した**

墨城印
墨絵師御歌頭による墨城画入り御城印
墨絵は戦国魂所属のアーティスト「墨絵師御歌頭」氏の描き下ろし作品
城名は海外アーティストShunOniniwa氏によるもの

武将墨絵や家紋、花押や印が美しい
戦国魂オリジナル武将印
墨将印
墨絵師御歌頭による武将画入り武将印
コンプセット
第9弾は1月死没の武将！

(2) 特別な場所の小売店による各種メディア露出、歴史監修によるブランド化、それらの結果としてイベント集客によるリストの増加

戦国魂さんは、(1)で活用するリストを集める方法を、やはり「接近戦」を活用したブランド化によって実現しています。具体的には、

・特別な場所の小売店による各種メディア露出によるブランド化
・歴史監修によるブランド化
・それらの結果としてブランド化によるイベント集客によるリストの増加

という、ブランド化によるマーケティング設計を行い、リストを増やすことに成功しています。具体的に見ていきましょう。

(1) ネットショップは2005年9月にオープンしています。
(2) 2007年の太秦戦国祭りを成功させ、それ以降地域イベントの依頼が増えます。

この地域イベントがハウスリストの増加の源泉となっています。ここから戦国魂さんは、さらなるブランド力のアップと、知名度アップの施策を実施します。

(3) 2008年に京都に実店舗1号店をオープン。歴史を意識した立地となっています。
(4) 2009年には東京・代官山に2号店をオープン。東京進出です。
(5) ゲーム「戦国BASARA3」(CAPCOM)の歴史監修。
(6) 2010年東京ソラマチ契約(代官山店を閉店)、2012年東京ソラマチに戦国魂『天正記』オープン。2013年に京都店を閉店し東京ソラマチ店に集約しました。この東京ソラマチ店集約が吉と出ます。図19
(7) 各種メディア露出が増えます。

テレビ東京「出没!アド街ック天国」に2度紹介されたり、フジテレビ「関ジャニ∞クロニクル」でも紹介され、最近では日本テレビ「有吉の壁」

図19 店舗を東京ソラマチ店に集約（戦国魂）

（2020年12月9日放送）でも紹介されています。

これは店舗自体のブランド化というよりは、東京ソラマチに出店しているという立地が奏功した形となっています。さらに雑誌やウェブ媒体でも取り上げられています。これらメディアの露出により戦国魂『天正記』はマニアの間で広く知れ渡ることとなりました。

(8) 2016年12月に「お城EXPO」エンタメ部分のプロデュースとして参加。参加者1万6000人。その後毎年参加。入場者数は3万人弱まで増えます。

(9) これらの施策の結果、合計2万1200人のお城好き、戦国武将好きのコアなリストを集めることに成功しました。

ツイッターフォロワー　1万人

フェイスブックフォロワー　3000人

メールマガジンリスト　7000人

ライン公式リスト　1200人

このコアなリストが2020年に月商記録更新を3回成し遂げた原動力となりました。

ここまでを振り返ってみると、実はたった二つのことしかしていないことに気がつきます。

(1) 自分と店舗のブランド化

(2) リアルでのコア・ユーザーとの徹底的な「接近戦」

もちろんネットショップ以外にも実店舗の売上や、イベントプロデュースの売上が加算されることになります。実に見事なマーケティング設計となっています。

ランチェスター戦略 6つの視点
(6) 陽動戦

ランチェスター戦略としての「**陽動戦**」は、**自社のネットショップの成果や成果要因を競合他社に悟られないようにする**、という施策です。

これは私の実体験なのですが、2003年5月に楽天市場で初めて「チーズバー」というスティックタイプのチーズケーキを発売しました。

そのときは一晩で8000本、年間24万本のヒットとなりましたが、ビックリしたのはその翌月です。様々な店舗さんから同様のスティックタイプのチーズケーキが発売されたのです。中にはスイーツ系とは全く違うジャンルの店舗さんからの発売もありました。

いわゆる「パクリ」です。容認する訳ではありませんが、このときはむしろ当店は売上を伸ばすことができました。もしかしたら様々な店舗さんに「パクられた」ために、「スティックタイプのチーズケーキ」カテゴリが確立したのかもしれない、と考えていました。今では、スティックタイプのチーズケーキは、当たり前のように様々なお店に並んでいます。そういう意味では差別化要素が「形状」だったので参入障壁が低かったのかもしれません。（実際にはクリームチーズの含有率が高く、味では大きなアドバンテージがあったと自負しています。だからこそ売上を伸ばすことができたのだと考えています。もちろんメーカーさんの努力の結晶のレシピです。）

以前、あるジャンルの社長さんに話を伺ったのですが、とにかくその業界は「パクリあい」の業界だそうで、競合他社が出してきた新商品をすぐに模倣して価格を下げてリリースしてくるというのです。やられたらやりかえす、という感じでイタチごっこになっているようですが。

競合他社同士がおそらく毎日のように様々なページをくまなくチェックしていると思われますので、パクられたり、同等商品での価格競争は避けられないと思います。

ただ、楽天市場のようなインターネットモールでは、むしろ競合他社の動向が比較されやすい「マーケティング的な仕組み」が設定されてしまっていると考えます。

たとえば次の（1）～（6）の設計上の特徴に対する意味合いをまとめてみます。

(1) 楽天サーチの検索順位シグナルの一つは売上金額と売上個数（検証結果より予測）

→売上金額、個数を上げれば楽天サーチの上位表示が可能。

必然的に競合他社より安い価格の店舗の露出が増えることになる

型番商品は特に競合他社の価格設定をチェックする必要がある

(2) ユーザーレビューの数や質がユーザーの評価を決める可能性が高い（最近の楽天サーチのアルゴリズムではレビュー数の重要度は低下しているようです）

↓競合他社のレビュー数や質の動向を常にチェックする必要がある

(3) 楽天サーチからの流入は全体の70%

↓必然的に楽天サーチ対策偏重のマーケティング対策にならざるを得ない

(4) 楽天サーチ経由の売上の7割以上は1ページ目の商品

↓楽天サーチ重視になるとさらに広告の重要性が高まる。

広告を打たないと商品が露出されなくなる。自社がやらなければ競合他社が広告を打ってくるので、露出が減り売上が下がる。なので広告をやめられない

(5) 楽天サーチ↓商品ページ↓楽天サーチといった楽天サーチ起点のユーザー動線↓商品ページ中心のサイト設計になるので、トップページ、カテゴリページの対策は後手に回る。その結果、自店舗内の回遊が減少する可能性がある。

結果、楽天サーチに露出された商品だけが売れるようになる。

(6) ランキングは重要なユーザー動線だが同時に売れている商品が露出する

↓同業他社に売れている商品を知られるため売れている商品を「パクられ」やすい

また、売れる広告や売れる手法もそこから推測されやすい。

これらのことから、

・楽天出店者は、ユーザーと同時に競合他社の動向をより注視する必要がある

・楽天出店者が重視するのは競合他社よりも多い売上金額、売上数にならざるを得ない

カンファレンスでのネームプレートの月商別色分けである程度の売上規模を予測できる

・楽天サーチは商品ページがインデックスされるのでユーザーによる型番商品の価格比較が容易。

これは競合他社も同様なので売上金額、売上数は楽天サーチの検索順位シグナルの一つなので、売上に直結する指標であり売上を上げるために価格競争が激化しやすい

・結果的に粗利率が低下するため、粗利額を増やしていく方向性にならざるを得ず経営戦略の中心は粗利額を増やす「売上規模」となりやすい。

・ユーザーレビューは星の低いレビューが付かないように等、星の数を重視する傾向に

となってしまいます。

ここまでの内容は、ヒアリングをした結果であり、さらに申し上げると楽天市場の批判をしているわけでもありません。

モールの特性上、同じシステムを使用して店舗運営をしていて、売上も楽天サーチからが多く、型番商品であれば価格比較が容易であり、ランキング機能があるので、競合他社間で何が売れたのか？という情報が共有されやすい、というモールの特性を申し上げているに過ぎません。これは実店舗のモールでも同じことが言えると思います。ただ、価格比較は圧倒的にネットのモールの方が利便性は高いのも事実です。

結果、価格比較になりやすく、売上を追いかける戦略になりやすく、それら手法、戦略を多くの出店者さんが横並びで実施せざるを得ない状況が競争を激化させる要因である、ということを申し上げたいのです。私がチーズバーをマネされたように。

ではどうしたら良いのか？と言いますと、それがネットショップにおける「**陽動戦**」となります。具体的には「**サブマリン戦略**」を取ることになります。

自社ECサイトは「サブマリン戦略」が可能

サブマリン戦略を下記にまとめました。

つまり、強者とは徹底的に距離をとりながら、あくまで競争を「回避」していく戦略のことです。

これは決して強敵に尻尾を巻いて逃げろ，と言っている訳ではありません。「回避」も立派な経営戦略です。

サブマリン戦略で最も重要なのは、**(4) 強者に気づかれないように販売していく**という部分です。

すでにお分かりの通り、楽天市場等のインターネットモールはここが極めて難しいのです。あらゆる仕組みがいかにして売れている店舗の露出機会を増やすかという部分に集中しているからです。売れていることを目立たせる仕組みだからです。

ではサブマリン戦略を具体的に解説します。

サブマリン（潜水艦）戦略

(1) 強者が参入しづらい領域を探し

(2) 強者が魅力を感じない規模のビジネスで

(3) 強者とは徹底した差別化を図り

(4) 強者に気づかれないように販売していく

（1）強者が参入しづらい領域を探し

これはアマゾン、楽天から距離を置くことです。具体的には**「一騎打ち」でお伝えした専門性を中心とした「E-A-T」を重視した店舗設計**を行っていきます。「回避」と言いましたが、勝負しない訳ではありません。

先の事例シアターハウスさんのように、「プロジェクタースクリーン」というビッグキーワードではアマゾンや楽天に対抗して1位を取りにいきます。実際、シアターハウスさんは、1位獲得に成功していいます。

（2）強者が魅力を感じない規模のビジネスで

ここも（1）と同様です。市場規模や成長性に注意しながらも、**専門店化することで強者が模倣困難（同質化しにくい）なビジネスモデル**にします。専門性を高める一環として、商品の量産が難しい領域も面白いと思います。

（3）強者とは徹底した差別化を図り

専門店にすることで、強者とは全く違う店舗設計、店舗運営になります。**専門店化は必然的に強者との差別化を実現**することができるのです。

たとえば、このあと事例で説明する男着物の加藤商店さんは、男性着物専門店です。通常着物屋さんは、女性着物の取り扱いが90％です。男性着物専門店には全く魅力を感じないと思いますので、みごとに差別化できていることになります。

（4）強者に気づかれないように販売していく

楽天サーチや楽天ランキングでは、販売価格や、売れ方が見つかってしまいます。それでは私のように「パクリ」の餌食になるだけです。

ここでは「グーグル」や「ヤフー」といった検索エンジンからの集客を提案したいと思います。メインは**自社サイトでのネットショップ運営**がもっとも「サブマリン戦略」をとるのに最適な方法だと思います。

ただ、楽天市場でもSEOで勝負して売れている店舗もありますので、店舗の設計を自社ECと同じように設計することで楽天サーチに頼らない店舗運営も可能となります。

実際に全体の売上の70%がSEOから、という月商数千万円の店舗さんもいらっしゃいます。

以前、男着物の加藤商店さんの事例を伺ったのですが、コロナ禍以前にも大きな「危機」を2度経験しているそうです。図20

まずは、男着物の加藤商店さん出店後に着物の大手仕入れ先が楽天市場に参入してきたそうです。

- **楽天サーチで価格比較されると同じ商品で価格が安い**
- **相手が仕入れ先なので価格と品数ではかなわない**
- **楽天サーチ対策で圧倒的不利**（売上・価格・品数）

特に、価格は圧倒的で、商品によっては男着物の加藤商店さんが仕入れているよりも安く販売し

図20 男着物の加藤商店
www.otokokimonokato.com

ていたそうで、冗談ではなく、楽天市場で購入した方が安く仕入れられたそうです。

このときに取り得る打ち手としては「**対抗する**」「**回避する**」の2通りありますが、男着物の加藤商店さんはこのとき「**回避**」を選択します。

まずは、総合（男性・女性）着物店から、価格競争の少ない、店長の加藤さん自身が愛着を持てる男性着物専門店に大きくカジを切る経営判断をしました。

さらに、価格競争、価格比較を徹底的に避けるために、楽天市場も回避。

楽天市場の出店は維持しながらも自社ECサイト中心のネットショップ運営を選択します。男女総合着物店＋楽天市場店メインから、男性着物専門店＋自社ECサイトメインへ大きく転換したのです。このときの加藤さんの読みとしては、

- **「専門店」を目指す方がブランド力を高められると判断**
- **「専門店」ならではのコンテンツ強化で「自社ECサイト」のSEOで集客力アップ**

が期待できると考えました。

結果的に、自社ECサイトの男性着物専門店にすることで、専門性を高めることに成功。さらに京都の老舗染色工房という母体を訴求することで権威性、信頼性を訴求。

結果、「E-A-T」の評価が高まったため、ドメインパワーUP、さらにSEOで優位になったと考えられます。図21 （次ページ）

男着物の加藤商店さんは、7月8月に浴衣がたくさん売れます。

これまではここが繁忙期で売上、利益ともに上げていたのですが、2018年に異変が起こります。大手ファッションモールの浴衣本格参入です。大手ファッションモールが低価格の浴衣を仕掛けてきたことによって、加藤商店さんはダメージをうけてしまいます。

挽回をかけて、2019年にのぞみましたが、

ファッションモールの低価格攻勢は続きます。どのくらいの価格差かというと、

大手ファッションモール：3980円
男着物の加藤商店さん：1万2000円

実に桁が一つ違う、3倍強の価格差だったのです。

このときも取り得る打ち手としては「対抗する」「回避する」の2通りあるわけですが、男着物の加藤商店さんは今回も「回避」を選択します。

対抗して「価格を下げた」のでは無く「より高価格帯」の商品展開にシフトしたのです。図22

「本物志向の浴衣」と題して、ファーストビューのランキングに

1位：9万1800円
2位：3万8708円
3位：3万2400円

と、なんと9万円台の着物をぶつけたのです。

前年主力だったのは1万2000円の浴衣

図21 「男着物」の検索結果

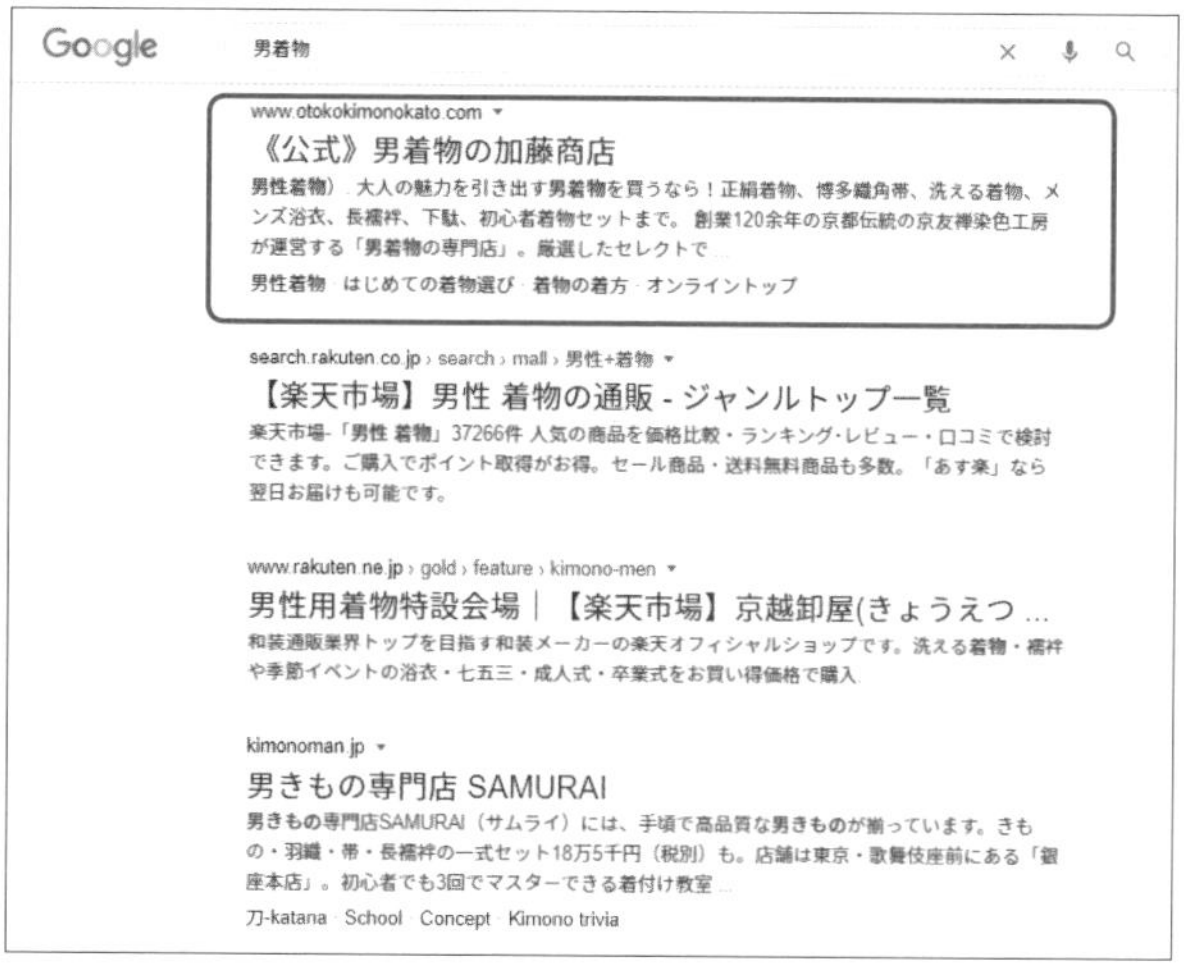

だったのですが、２０１９年は1万５０００円台に20％アップさせました。

つまりターゲットをファッションモールのユーザーから販売価格的に距離をとった。そして「本物志向」のユーザーにターゲットを絞り込みました。

結果、前年対比で、客数は落ちたのですが、客単価が１２０％ＵＰしたことで浴衣全体の売上をキープすることができました。

この戦略は副次的な効果も生み出しました。在庫が減少したのです。

実は低価格の浴衣は在庫を多く抱えないといけない商品なのです。低価格の浴衣だとシーズンで売り切らないといけない。しかし、単価の高い浴衣の方が在庫の量も棚も少なくて済むわけです。そもそも浴衣は見込み発注が難しい商材で、半年後を予測しないといけない。ある意味投機的な商材でもあったのです。

図22 「より高価格帯」の商品展開にシフト（男着物の加藤商店）

本物志向の浴衣ランキング
1
2
3
着物
浴衣
本麻
91,800円 (税込)
男着物 メンズ浴衣 夏着物 近江ちぢみ本麻 (2520)
38,708円 (税込)
32,400円 (税込)

在庫の観点から男着物の加藤商店さんはさらに仕掛けていきます。

２０１９年10月11月12月、２０２０年1月と東京青山のギャラリーでポップアップショップを開店、受注採寸会を開催したのはすでにお伝えした通りです。毎回、金、土、日3日間、完全予約制だったのですが、ほとんど予約で埋まっていたそうです。図23

その結果、新たな**顧客インサイト**を発見します。なんと着物を仕立ててくださったユーザーの半数以上が「茶道」をやっていたのです。

こういったことは、実際にお客様と接点がなければわからないことです。

現在、京都で商談、採寸スペースを設置して、ネットからの来店誘導も検討しています。図24

ここまでお伝えしてきた男着物の加藤商店さんの「打ち手」は自社ＥＣサイトからは全く見えてきません。これが自社ＥＣサイトの「サブマリン

図23 受注採寸会を開催して顧客インサイトを発見（男着物の加藤商店）

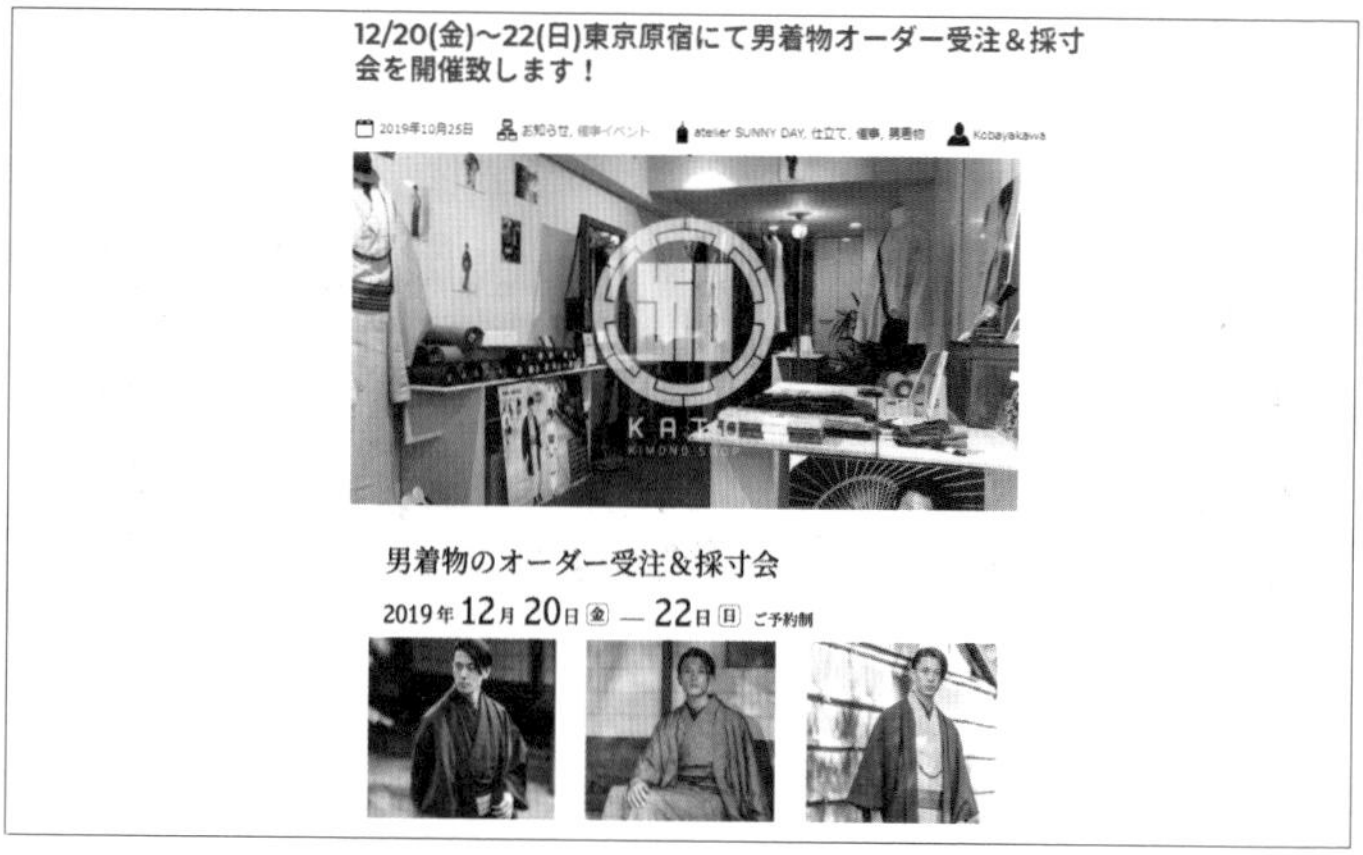

www.otokokimonokato.com/blog/20191220-sunnyday

戦略」なのです。

潜水艦のように潜伏し、競合他社に自社の戦略、打ち手を悟られにくくできるのです。

専門店化、商品単価の引き上げ、安売りに対抗して高価格商品の提案、完全予約制のお仕立て会、と、ある意味「逆張りのマーケティング設計」とも言える戦略となっています。

図24 京都に商談、採寸スペースを設置（男着物の加藤商店）

男着物の相談窓口
着物の相談窓口
失敗しない男着物の選び方
男着物を選ぶ際にこんなお悩みはありませんか？
どんな着物を選べばいいか分からない。
自分にあったサイズが分からない。
百貨店や呉服屋さんは敷居が高い。

www.otokokimonokato.com/c/gr128/gr373#gr373_main_pic

CHAPTER 5

売上高構成比率と キー・プロダクト

商品の一点集中と売上高構成比率

「**売上高構成比率**」というのは、「たとえば月の売上のうち、1位の商品は全体の何%のシェアですか？2位の商品は全体の何%のシェアですか？」といった**全体の売上高のうち特定の商品の占める割合**のことを指します。たとえば、あなたのネットショップの月商における売上高が高い順の1位から5位までの構成比率が、

1位商品：9.2%
2位商品：8.8%
3位商品：8.1%
4位商品：7.6%
5位商品：7.2%

という結果になった場合、たいていは「当店はいろいろな商品がまんべんなく売れているバランスの良いショップだ」と考えると思います。

しかし、実はこの結果は「**ユーザーがあなたのショップでどの商品を買ったら良いかわからず、商品を選べないでいる、迷っている数字**」と言えるのです。

この状態のショップがダメだ、と言っている訳ではなく、改善することでもっと転換率が上がり、売上の伸びしろがかなりある、ということを申し上げたいのです。

専門性が高かったり、選び方ページがしっかり作られていたり、シーン提案バナーがしっかりと設置されていて「選びやすくなっているショップ」の場合は、たとえば、

1位商品：25.2%
2位商品：9.8%
3位商品：8.1%
4位商品：7.6%
5位商品：7.2%

のように**1位商品が25%以上のシェア**を獲得していて、**2位の商品と10ポイント以上の差**がついて

いる状態に「確実に」なっています。まんべんなく売れていた状態からこのように1位商品が抜け出た状態になると、確実に最高月商を更新するぐらいのビジネス・インパクトがある売上になっています。図1

25％以上売れ出した売上高構成比率1位の商品のことを「**キー・プロダクト**」と呼ぶことにします。ショップの成功要因を生み出すカギ（キー）になる商品（プロダクト）という意味合いです。

キー・プロダクトの**売上高構成比率目標値**は、次ページの上の表のようになります。

この数字は、ネットショップ数十店舗の商品別売上高構成比率と最高月商更新の関係性を分析した結果、算出したものです。

算出したあとでわかったのですが、この比率はランチェスター戦略における「**コープマン目標値**」と言われている、市場シェアの目標値と極めて近似していたのです。

図1 商品の一点集中と売上高構成比率

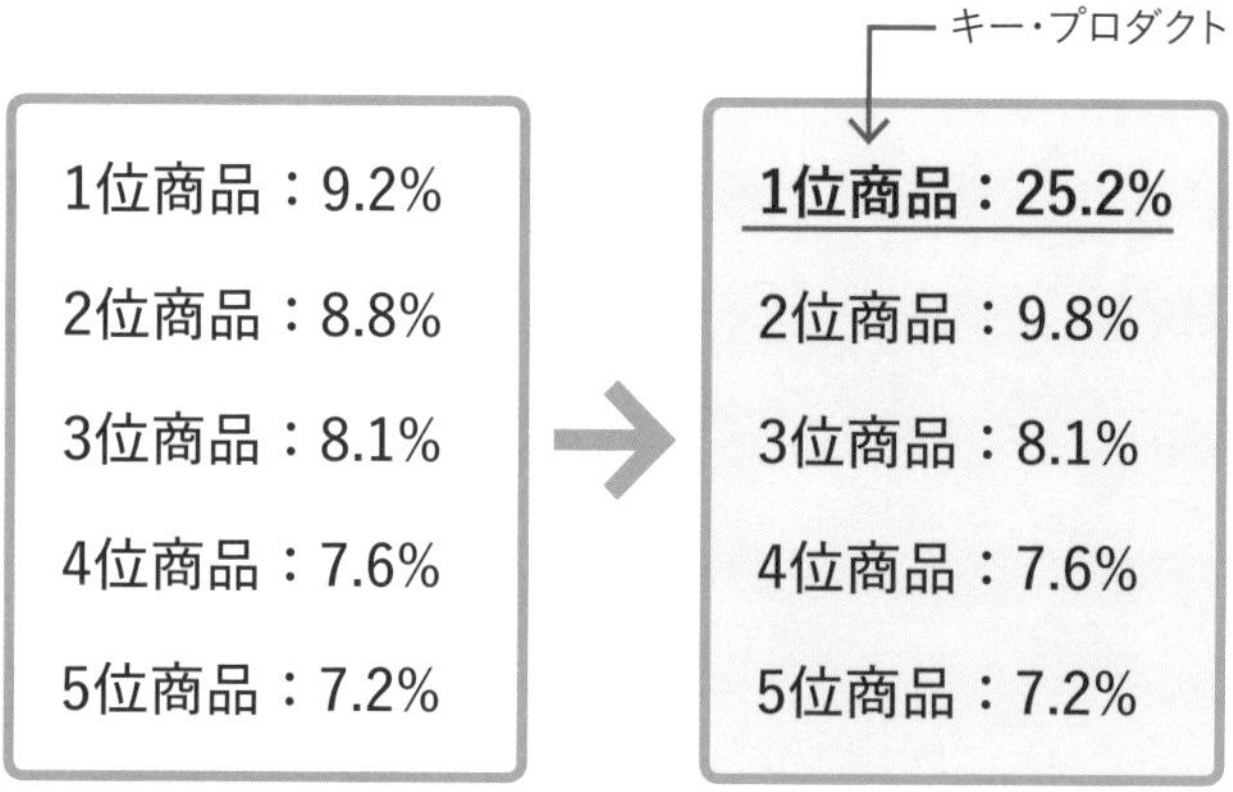

1位商品：9.2%	→	**1位商品：25.2%**
2位商品：8.8%		2位商品：9.8%
3位商品：8.1%		3位商品：8.1%
4位商品：7.6%		4位商品：7.6%
5位商品：7.2%		5位商品：7.2%

1位商品が25%以上のシェアを獲得し、2位の商品と10ポイント以上の差が付いている状態

キー・プロダクトの売上高構成比率目標値

・下限目標売上高構成比率：

1位→25%（2位と10pt以上の差を付けるのが条件）

・効果的目標売上高構成比率：

1位→35%～40%（全体の月商が最も高くなる比率）

・上限目標売上高構成比率：

1位→70%（月商の上限値、次の集中商品を選定する時期）

ランチェスター戦略におけるコープマン目標値

下限目標値：26.12%（26.1%）

安定目標値：41.71%（41.7%）

上限目標値：73.88%（73.9%）

※上記の数字は、括弧の中のものを覚えておけばよいでしょう。

※一般的には「クープマン」として知られていますが、ランチェスター経営の竹田陽一先生によると音楽家のトン・コープマン（Ton Koopman）と同じ綴りであることから「コープマン」が正しいとのことです。それにならい、本書では「コープマン」と表記します。

Google アナリティクスと Excel で
売上高構成比率を算出する方法

先ほど解説した「売上高構成比率」をGoogle アナリティクスとExcelを使って、比較的簡単に算出する方法を紹介します（2020年12月段階の画面で説明しますので、Google アナリティクスの仕様の変更等でメニュー名が変わるかも知れません）。

前提として、商品名の登録について、下記の工夫が必要です。

・同じシリーズの商品名の表記を統一（サウンドブロックとSOUNDブロック等、記載の揺れを統一）
・可能であれば、カテゴリ名も記載（安全靴・作業服等）

Google アナリティクスの作業

(1) 分析したい月の「商品の販売状況」を表示します。「コンバージョン＞eコマース＞商品の販売状況」で表示件数を調整します。
(2)「エクスポート」から「Excel」を選択、データをダウンロードしてExcelで開きます。

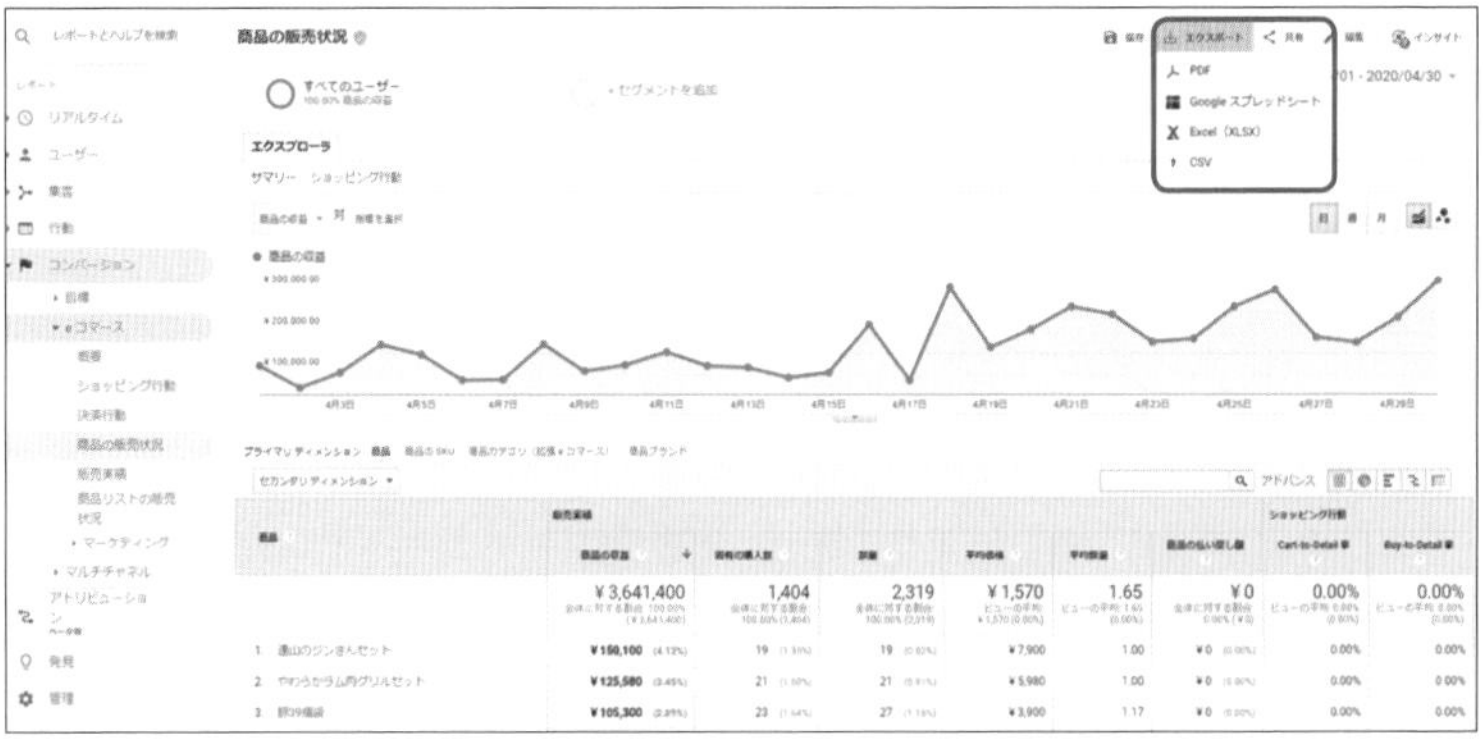

Excel の作業

(3)「SUMIF（サムイフ）関数」を使います。特定の文字列を含む検索条件を使います。

＜計算式＞ 「=SUMIF(範囲,” *検索条件*” ,合計範囲)」

・「"（ダブルクォーテーション）」で特定の文字列を囲います。
・「*（アスタリスク）」の意味は下記になります。
"A*" 「A」で始まる文字列
"*A*" 「A」を含む文字列
"*A" 「A」で終わる文字列

戦国魂さんの商品の販売状況の一部を事例に使って説明しましょう。「墨城印」を含んだ商品を検索条件に設定してみます。

=SUMIF(A2:A17,"*墨城印*",D2:D17)

これで「墨城印」を含んだ商品の売上額が計算できます。

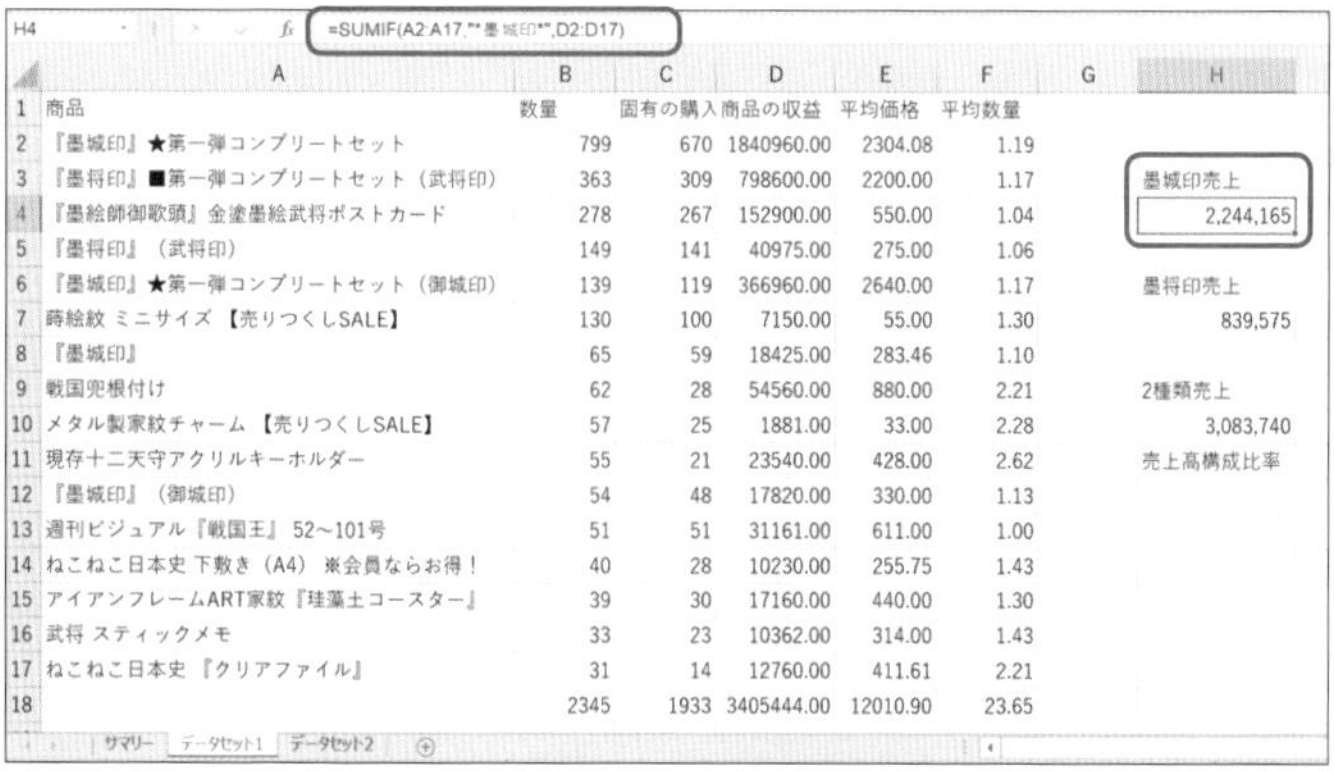
H4 =SUMIF(A2:A17,"*墨城印*",D2:D17)

	A	B	C	D	E	F	G	H
1	商品	数量	固有の購入	商品の収益	平均価格	平均数量		
2	『墨城印』★第一弾コンプリートセット	799	670	1840960.00	2304.08	1.19		
3	『墨将印』■第一弾コンプリートセット（武将印）	363	309	798600.00	2200.00	1.17		墨城印売上
4	『墨絵師御歌頭』金塗墨絵武将ポストカード	278	267	152900.00	550.00	1.04		2,244,165
5	『墨将印』（武将印）	149	141	40975.00	275.00	1.06		
6	『墨城印』★第一弾コンプリートセット（御城印）	139	119	366960.00	2640.00	1.17		墨将印売上
7	蒔絵紋 ミニサイズ 【売りつくしSALE】	130	100	7150.00	55.00	1.30		839,575
8	『墨城印』	65	59	18425.00	283.46	1.10		
9	戦国兜根付け	62	28	54560.00	880.00	2.21		2種類売上
10	メタル製家紋チャーム 【売りつくしSALE】	57	25	1881.00	33.00	2.28		3,083,740
11	現存十二天守アクリルキーホルダー	55	21	23540.00	428.00	2.62		売上高構成比率
12	『墨城印』（御城印）	54	48	17820.00	330.00	1.13		
13	週刊ビジュアル『戦国王』 52～101号	51	51	31161.00	611.00	1.00		
14	ねこねこ日本史 下敷き（A4） ※会員ならお得！	40	28	10230.00	255.75	1.43		
15	アイアンフレームART家紋『珪藻土コースター』	39	30	17160.00	440.00	1.30		
16	武将 スティックメモ	33	23	10362.00	314.00	1.43		
17	ねこねこ日本史 『クリアファイル』	31	14	12760.00	411.61	2.21		
18		2345	1933	3405444.00	12010.90	23.65		

サマリー データセット1 データセット2

（4）「墨城印」を含む商品の売上合計÷全体売上×１００で「墨城印」のシェア率を算出します。

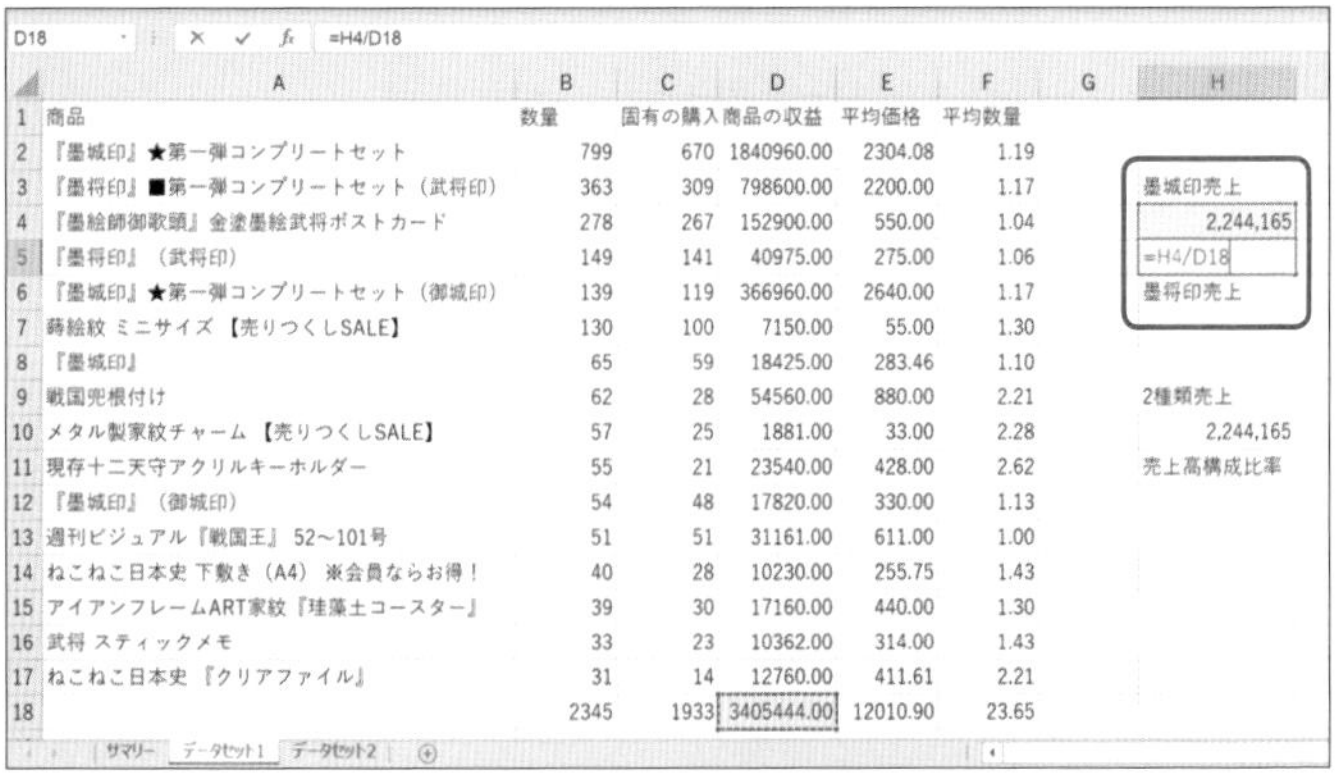

D18 =H4/D18

	A	B	C	D	E	F	G	H
1	商品	数量	固有の購入	商品の収益	平均価格	平均数量		
2	『墨城印』★第一弾コンプリートセット	799	670	1840960.00	2304.08	1.19		
3	『墨将印』■第一弾コンプリートセット（武将印）	363	309	798600.00	2200.00	1.17		墨城印売上
4	『墨絵師御歌頭』金塗墨絵武将ポストカード	278	267	152900.00	550.00	1.04		2,244,165
5	『墨将印』（武将印）	149	141	40975.00	275.00	1.06		=H4/D18
6	『墨城印』★第一弾コンプリートセット（御城印）	139	119	366960.00	2640.00	1.17		墨将印売上
7	蒔絵紋 ミニサイズ【売りつくしSALE】	130	100	7150.00	55.00	1.30		
8	『墨城印』	65	59	18425.00	283.46	1.10		
9	戦国兜根付け	62	28	54560.00	880.00	2.21		2種類売上
10	メタル製家紋チャーム【売りつくしSALE】	57	25	1881.00	33.00	2.28		2,244,165
11	現存十二天守アクリルキーホルダー	55	21	23540.00	428.00	2.62		売上高構成比率
12	『墨城印』（御城印）	54	48	17820.00	330.00	1.13		
13	週刊ビジュアル『戦国王』52～101号	51	51	31161.00	611.00	1.00		
14	ねこねこ日本史 下敷き（A4）※会員ならお得！	40	28	10230.00	255.75	1.43		
15	アイアンフレームART家紋『珪藻土コースター』	39	30	17160.00	440.00	1.30		
16	武将 スティックメモ	33	23	10362.00	314.00	1.43		
17	ねこねこ日本史『クリアファイル』	31	14	12760.00	411.61	2.21		
18		2345	1933	3405444.00	12010.90	23.65		

サマリー　データセット1　データセット2

（5）調べたいキーワードで（3）～（4）を繰り返し、売上高構成比率2位、3位等を集計していきます。

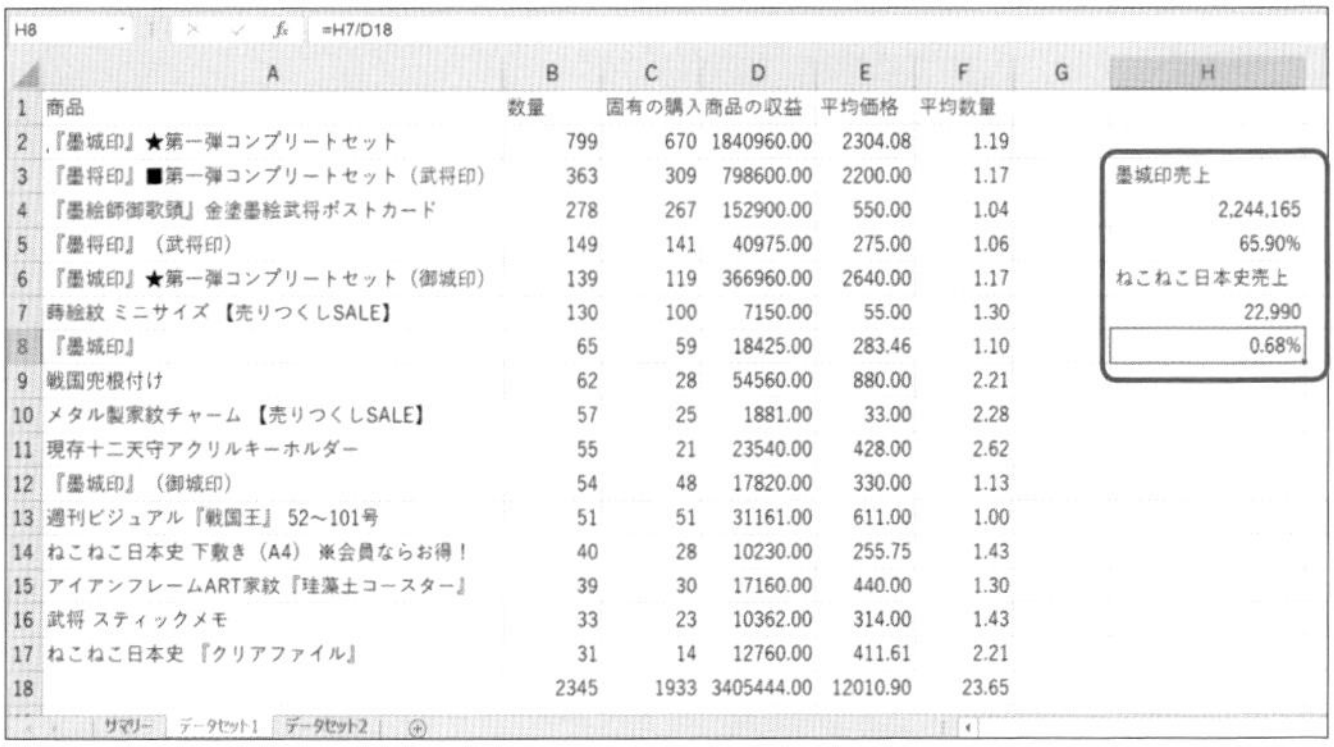

H8 =H7/D18

	A	B	C	D	E	F	G	H
1	商品	数量	固有の購入	商品の収益	平均価格	平均数量		
2	『墨城印』★第一弾コンプリートセット	799	670	1840960.00	2304.08	1.19		
3	『墨将印』■第一弾コンプリートセット（武将印）	363	309	798600.00	2200.00	1.17		墨城印売上
4	『墨絵師御歌頭』金塗墨絵武将ポストカード	278	267	152900.00	550.00	1.04		2,244,165
5	『墨将印』（武将印）	149	141	40975.00	275.00	1.06		65.90%
6	『墨城印』★第一弾コンプリートセット（御城印）	139	119	366960.00	2640.00	1.17		ねこねこ日本史売上
7	蒔絵紋 ミニサイズ【売りつくしSALE】	130	100	7150.00	55.00	1.30		22,990
8	『墨城印』	65	59	18425.00	283.46	1.10		0.68%
9	戦国兜根付け	62	28	54560.00	880.00	2.21		
10	メタル製家紋チャーム【売りつくしSALE】	57	25	1881.00	33.00	2.28		
11	現存十二天守アクリルキーホルダー	55	21	23540.00	428.00	2.62		
12	『墨城印』（御城印）	54	48	17820.00	330.00	1.13		
13	週刊ビジュアル『戦国王』52～101号	51	51	31161.00	611.00	1.00		
14	ねこねこ日本史 下敷き（A4）※会員ならお得！	40	28	10230.00	255.75	1.43		
15	アイアンフレームART家紋『珪藻土コースター』	39	30	17160.00	440.00	1.30		
16	武将 スティックメモ	33	23	10362.00	314.00	1.43		
17	ねこねこ日本史『クリアファイル』	31	14	12760.00	411.61	2.21		
18		2345	1933	3405444.00	12010.90	23.65		

サマリー　データセット1　データセット2

キー・プロダクトの売上高構成比率目標値

キー・プロダクトが機能していると判断できる条件としては、

（1）1位の商品が25%以上のシェア率

（2）1位商品シェア率が2位以下のシェア率に10ポイント以上差をつけている

となります。また、

（3）全体の月商が最も高くなる比率は35%〜40%

（4）70%を越えると、月商の上限値の可能性、次のキープロダクト候補を選定する時期

と判断できると思います。

実際の事例で検証してみましょう。

型番商品セレクトショップの事例

ある型番商品セレクトショップさんの事例です。2020年5月の最高月商更新時のデータと前年のデータとの売上高構成比率を比較した表がこちらになります。図2

図2　型番商品セレクトショップの売上高構成比率の比較

2019年5月売上高構成比率

	1位	2位
商品	A商品	B商品
比率	22.68%	15.39%

↓

2020年5月売上高構成比率

	1位	2位
商品	A商品	B商品
比率	35.54%	18.58%

前年は1位商品シェア率が25%を越えておらず、さらに2位商品シェア率との差が7ポイント程度しかありませんでした。それが最高月商更新月には1位商品シェア率35・54%と「**全体の月商が最も高くなる比率**」に達しています。さらに2位商品シェア率との間に約17ポイントの差が付いています。見事に条件を満たしていますね。実際に前年と最高月商更新月の月商には約4倍の差がありました。素晴らしい成果ですね。

ちなみにここでのポイントは、たとえば今の型番商品セレクトショップさんのように前年比較をした際、1位商品の売上高構成比率の差異と月商の差異には相関関係が無い、ということです。

1位商品は前年22・68%でしたが、翌年は35・54%でした。比率の差異は12・86ポイントですが、月商の差は4倍違います。1位商品への一点集中のビジネス・インパクトを如実に表している数字だと思います。

肉のスズキヤさんの事例

肉のスズキヤさんの場合は繁忙期と閑散期があるので、両方のデータを分析します。図3

表を見ると、繁忙期、閑散期ともに1位の商品シェア率が25%を越えておらず、1位商品シェア率が2位以下のシェア率に10ポイント以上差をつけていません。猪肉とボタン鍋を大きく「猪肉類」と合算させても20%強ですし、2位との差が10ポイント以上ありません。

実はこの繁忙期のデータは、2019年12月に最高月商を更新したときのものです。繁忙期で過去最高の売上を上げていたにもかかわらず、1位の商品シェア率が25%を越えておらず、1位商品シェア率が2位以下のシェア率に10ポイント以上差をつけていないことになりますので、キー・プロダクトを発見、開発できればさらに大きな売上を上げることができる、ということになります。

図3　**肉のスズキヤの商品シェア率（2019年）**

	1位	2位	3位	4位	5位
閑散期（2月）	遠山ジンギス **18.06%**	熊肉 **14.19%**	猪肉 13.88%	鹿肉 13.28%	ボタン鍋セット 7.25%
繁忙期（12月）	熊肉 **19.47%**	遠山ジンギス **13.98%**	鹿肉 12.81%	猪肉 12.62%	ボタン鍋セット 8.87%

大きな伸びしろが眠っているのです。

ではどんな商品がキー・プロダクトになるのでしょうか？

様々な事例を分析した結果の「**キープロダクト発見・開発フレームワーク**」を次ページから紹介します。また、「キー・プロダクト発見・開発ワークシート」も用意しましたので、それぞれに当てはまる商品をリストアップして、その中でキープロダクトになりそうな商品を抽出してみてください。

フレームワークを見ていただいた後に、肉のスズキヤさんの事例を使ってキー・プロダクトの可能性を4つ検討していきます。

（1）猪肉
（2）冬のギフトの強化
（3）その他の商品の可能性
（4）鹿肉、遠山ジビエ

キー・プロダクト発見・開発フレームワーク

集客商品、本命商品でキー・プロダクトになるかを検討する

（1）基本は**「集客商品」**か**「本命商品」**

（2）店舗のブランディング（共感、差別化、信頼感）、専門性にリンクした商品

（3）集客商品がキー・プロダクトで無い場合、集客商品の次に販売する本命商品がキー・プロダクトの可能性が無いかを検討する。集客商品、本命商品どちらもキー・プロダクトの要件を満たしていない場合は、それ以外の商品でキー・プロダクトを探すか、店舗のブランドを踏襲した新たな商品開発を行う。

キー・プロダクト要件定義

（4）コレクション性の高い商品、もしくは消耗品
コレクション性の高い商品。収納、展示できるケース付きだとなお良い。
もしくは、食べたり使ったら無くなるリピート性の高い商品。
消耗品の場合、購入頻度が高いか、長期間利用してくれる商品。

または、

（5）ターゲットの規模感、ターゲットの利用頻度と利用金額
ターゲットボリュームが大きくて、ある程度お金を使ってくれる商品

（6）商品の供給量
ある程度量産できる商品
難しい場合は、バリューチェーンの再構築を行う。たとえば水引を使った商品で加工難度が高く量産できない場合、キット販売することで製造工程をユーザーに委ねる、という工夫も必要。

（7）高客単価商品である、もしくはお手頃価格で量が売れる商品のどちらか
ある程度の高価格帯の商品。たとえばアンティーク家具等。
もしくはお手頃価格（割安な商品）グルメ、スイーツのお試しセット等。
その場合、市場相場価格に注意。割安感があると爆発的に売れる可能性がある。

（8）購買確率が高く、露出の高いキーワードを持っている商品
購買確率の高い、顧客属性が分散していないビッグキーワードを持っている商品
たとえば「ドレス」というキーワードは「結婚式ドレス」「ロングドレス」等顧客属性に応じて選択するドレスのカテゴリが異なるため、転換率が低くなることが予測されるが、「安全靴」は顧客属性が分散（たとえば職種が異なるなど）しても、選ぶ安全靴はそれほど違いはない（機能の差はある）。
「ドレス」は月間11万回「安全靴」は9万回のビッグキーワード。
最低でもミドルレンジのキーワードを持っている商品

テレビ、雑誌等、マスメディアに取り上げられた商品や店舗

全国の小売店に置かれている商品

ソーシャルメディアでの露出が高い商品

(9) 季節変動の大きいショップの場合は、繁忙期・閑散期でそれぞれキー・プロダクトを設定する

キー・プロダクト発見・開発ワークシート

キー・プロダクト発見・開発要素	キー・プロダクト候補商品
(1) 基本は「集客商品」	
(2) 店舗のブランディング・専門性にリンクした商品	
(3) (1)では無い場合「本命商品」、または商品開発する	
(4) コレクション性の高い商品、もしくは消耗品（リピート性が高い）	
(5) ターゲットの規模感、ターゲットの利用頻度と利用金額が高い	
(6) 商品の供給量またはバリューチェーンの再構築（キット販売等）	
(7) 客単価が高額（高額品販売）もしくはお手頃価格で量が売れる商品	
(8) 購買確率の高いビッグキーワードを持っている商品	
(9) 季節変動の大きいショップの場合は、繁忙期・閑散期でそれぞれキー・プロダクトを選定する	閑散期： 繁忙期：

キー・プロダクト発見・開発フレームワーク活用事例

肉のスズキヤさんのキー・プロダクトをフレームワークを使って検討していきましょう。

(1) 猪肉

冬はボタン鍋が美味しい季節なので、ボタン鍋をもっと強力にプッシュするようにします。また、同時に猪肉のしゃぶしゃぶや、麹味噌漬け猪肉等のバリエーションをつけて、猪肉をいろいろな食べ方や味で楽しんでもらえるようにします。

これによって猪肉+ぼたん鍋の合算によって、繁忙期で21・49%のシェアを取っていたので、しゃぶしゃぶセットや麹味噌漬けセットも含めて「猪肉」という畜種全体で25%↓30%までに引き上げることができるかもしれません。

(食べたり使ったら無くなるリピート性の高い商品。)

(2) 冬のギフトの強化

猪肉の麹味噌漬けを含めて、猪肉やラム・マトンのしゃぶしゃぶセット等をギフトラッピングも豪華にして展開し、お歳暮需要をこれまで以上に獲得します。

6月から11月の間で新規集客を強化していき、ハウスリストを増やしていきます。ハウスリストを増やす、ということは肉のスズキヤさんの美味しさを体感したユーザーを増やすことになりますので、その美味しさをお歳暮で届けたい、というユーザーを増やすことにもなります。

鹿肉やローストビーフ、ローストジビエもお歳暮セットに追加できると思います。

ちょっと乱暴な集計ですが、お歳暮ギフトとして12月の繁忙期には、1位シェア率で30%ぐらいを獲得することができるかもしれません。

(店舗のブランドを踏襲した新たな商品開発)

(購買確率が高く、露出の高いキーワードを持っている商品→ローストビーフ)

(3) 遠山ジンギス・その他の商品の可能性

繁忙期で2位、閑散期で1位商品である遠山ジンギスをブラッシュアップしてもっと販売数を増やせるようにします。たとえばネーミングを「遠山ジビエ焼味噌醤油にんにく味　特製やわらかラム」といった形にして、遠山ジンギスとはシリーズを変えた、遠山ジビエの味付け肉、という位置づけにします。普段使いとギフト需要をとりにいくことで２０１９年8月に獲得したテレビ番組から来訪したユーザー属性にわかりやすい商品にリブランドします。

一般のユーザー属性が理解できる牛肉のサガリ以外の部位での焼味噌醤油にんにく味を開発する、サーロインやフィレ等の部位での製品開発をする、といった施策も考えられます。

12月は「ローストビーフ」の検索数が跳ね上がる時期です。月間55万回もあります。そこで肉のスズキヤさん特製ローストビーフのプレミアムバージョンを開発します。これが上手くいくと、爆発的ヒットになると思います。この辺は半年前ぐらいから仕込んでおくと良いかもしれません。

(基本は「集客商品」か「本命商品」)

(店舗のブランドを踏襲した新たな商品開発)

(4) 鹿肉、遠山ジビエ

繁忙期の売上シェア3位の鹿肉もまたキー・プロダクトの可能性を秘めています。

普段のメルマガでも「遠山ジビエ」というネーミングは反応が高く、良く売れます。

(2)のお歳暮セットの中核の一つに「遠山ジビエ」を据えて、鹿肉セット、鹿肉のロースト→ローストジビエとローストビーフのギフトセットをもっとプッシュしていってもよいと思います。

(店舗のブランドを踏襲した新たな商品開発)

(購買確率が高く、露出の高いキーワードを持っている商品→ローストビーフ)

実はこの原稿執筆中である２０２０年6月に、

「秘密のケンミンＳＨＯＷ」に肉のスズキヤさんが取り上げられることになりました。番組は「ジンギスカン」がテーマで、長野県飯田市のオリジナルジンギスカンということで「遠山ジンギス」が紹介されることになりました。売上高構成比率の閑散期1位繁忙期2位を獲得していて、４つの提案の3番目にも取り上げている商品です。テレビ放送終了後、アクセスと売上は跳ね上がりました。今回全国ネットのテレビ放送、というビッグチャンスが到来。知名度も上がり、おそらく検索数も多くなったことが予測されます。結果的に２０２０年６月は最高月商を大幅に更新しました。

そのときの売上高構成比率は、「1位：遠山ジンギス：45・37％」と、見事に本命商品の「遠山ジンギス」がキー・プロダクトに昇格することができました。図4

図4 肉のスズキヤの商品シェア率（2020年6月）

	1位	2位	3位	4位	5位
2020年6月 最高月商更新	遠山ジンギス **45.37%**	その他「じん」 **13.26%**	鹿肉 6.33%	猪肉＋ボタン鍋 6.11%	熊肉 2.64%

キー・プロダクトの売上高構成比率目標値を活用した事例

「パルセラ」さん

肉のスズキヤさんの事例で、売上高構成比率を活用して、キー・プロダクトの発見、開発フレームワークを説明し、実際の事例をベースにシミュレーションしてみました。シミュレーションとはいっても、具体的な提案レベルで、実際にそのあとそのうちの本命商品が、見事にキー・プロダクトに昇華しました。

次に、キー・プロダクトの売上高構成比率目標値を**事業戦略**に活用できることを実際の定量データをベースにして説明していこうと思います。

パーカーボールペンの名入れギフトで繁忙期に大きな成果を上げたパルセラさんの事例を紹介したいと思います。図5

図5 パルセラ
www.parcela.jp

パルセラさんはボールペンに限らず、様々な商材に名入れして販売するいわゆる「名入れギフト」ショップを運営しています。複数のモールに出店していますが、売上の中心は楽天市場店で、いろいろな種類の名入れギフト商品が売れているそうです。しかしどうしても型番商品がメインになってしまい、そうでなくても容易に価格比較ができてしまうマグカップやタンブラーといった商品に名入れを行っていたので、楽天サーチでの価格比較の目にさらされてしまい、モールでは安売りばかりをしていたそうです。

安売りをすれば売上はあがるので、モールに売上を依存しており、その「依存体質」からの脱却が経営課題だとおっしゃっていました。

パルセラさんの自社ECサイトは2019年8月末にオープンしました。しかし、10月中旬までの期間の売上は「0円」。セッション数は1日1~2セッション。その全てが社内のアクセスだったそうです。

その理由は明白です。1日1セッションのサイトはグーグルには評価されませんので、グーグルにはインデックスされにくいですし、インデックスされたとしてもかなり下位のランキングになってしまうと思います。それは、つまりどんなキーワードで検索したとしても検索結果にはなかなか表示されないことになります。

リストもありませんからメルマガを送ることもできません。

つまり当時のパルセラさんにアクセスするには直接ブラウザにURLを入力するしか方法が無かったのです。

ここが楽天との最大の違いの一つで、楽天市場に出店する、ということは楽天市場からのリンクをもらえることになります。さらに楽天サーチに順位はともかくインデックスされます。ですからオープン当初から動線が存在するのです。

パルセラさんは、そこに気がつき、10月初旬に

リスティング広告の運用を検討します。事業計画に納得すれば広告への投資を決定する、とのことだったので、２０１９年10月の月商を９万円、11月に10万円、翌年の９月に月商１００万円達成させる事業計画を策定、合意を得て、10月後半からリスティング広告の運用を開始しました。

　結果的に10月：月商77万円、11月月商１６８万円、12月の月商は５８９万円となりました。３ヶ月間で月商１５０万円〜２００万円のブレイクポイントを超えてしまったのです。図6

　徐々に売上を作っていくと、メルマガ等のハウスリストが増えていきます。ハウスリストが１５００通〜２０００通頃から売上が急上昇していきます。このときの月商が１５０万円〜２００万円で、この売上を売上の低迷期からの脱出売上、という意味で「**ブレイクポイント**」売上と呼びます。

　このとき策定した販売戦略は商品の多さを前面に押し出すのではなく「パーカーボールペン専門

図6　パルセラさん（自社ECサイト）売上推移

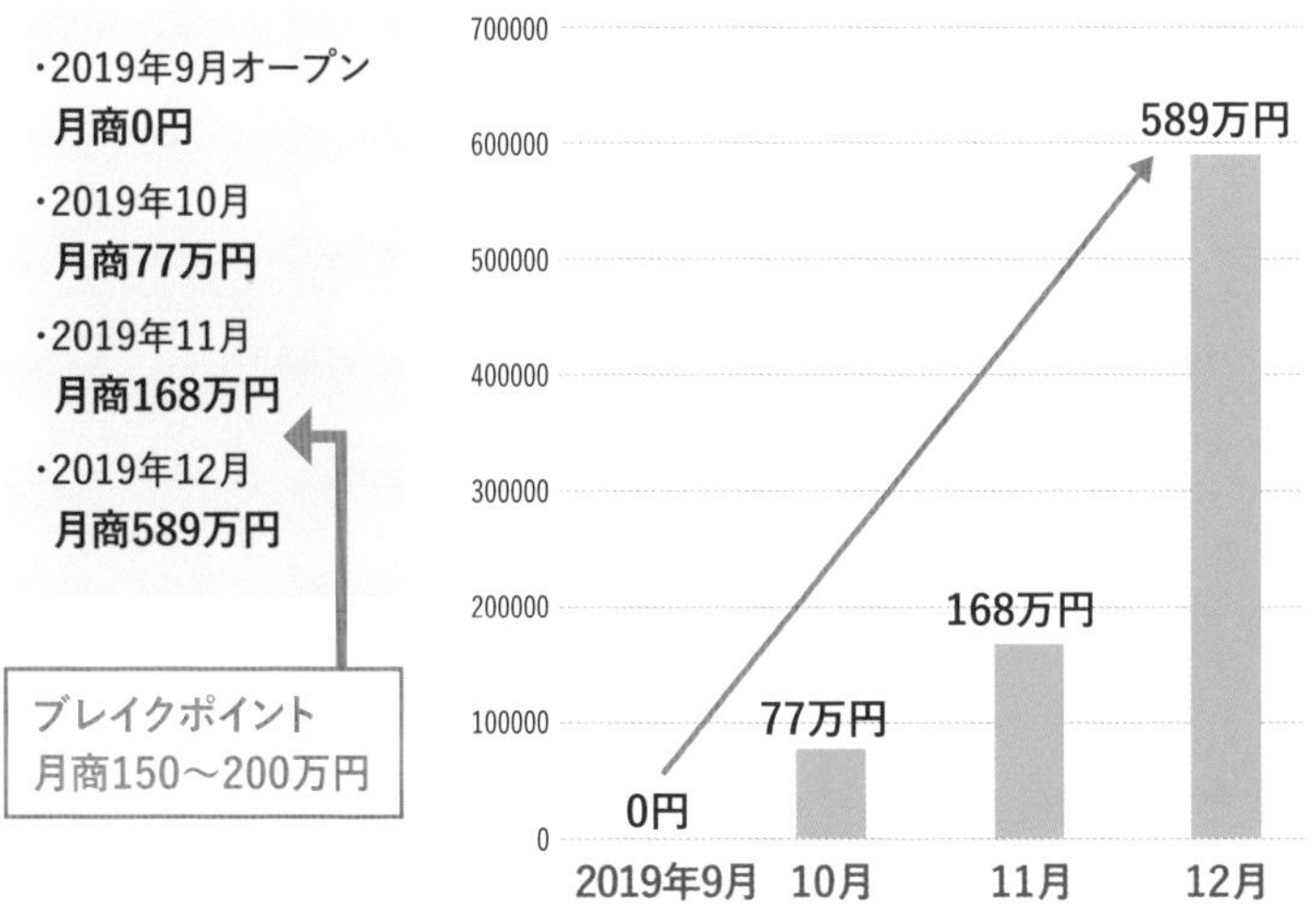

・2019年9月オープン
月商0円
・2019年10月
月商77万円
・2019年11月
月商168万円
・2019年12月
月商589万円
ブレイクポイント
月商150〜200万円
700000
600000
500000
400000
300000
200000
100000
0
589万円
168万円
77万円
0円
2019年9月
10月
11月
12月

店」という「一点集中戦略」でした。

楽天市場は楽天サーチからの流入が見込めるので、いろいろな商品を登録しておくことで間口が広がります。ユーザーは楽天サーチで販売価格とユーザーレビューを頼りに商品ページに直接アクセスして購入しますので、訪問したショップがどんなショップかは意識しません。楽天市場で購入した、としか認識していません。

でも、自社ECサイトでは違います。店舗の「E-A-T」でユーザーもグーグルも判断するのです。

ここで多くの店舗さん、特に楽天市場出店のギフト店舗さんが勘違いするところがあります。楽天出店経験のある店舗さんは、登録商品が多い方が売れると考えています。そこで「名入れパーカーボールペン」を販売するときに「名入れギフトショップ」が「名入れボールペン」を販売、というスタンスを取ります。

一方、パルセラさんは、「E-A-T」に忠実に専門店として店舗設計を行っています。

パルセラさんは「パーカーボールペン専門店」で「プレゼント需要には名入れサービスも提供しています」というスタンスを取りました。

ここで読者のあなたに質問です。あなたが、お世話になっている知り合いの息子さんが高校生になったとき、名入れボールペン、ブランドはパーカーが有名だからいいかな、と考えてお祝いで贈ろうと考えたとします。そのときにどんなお店で購入しようと思いますか?

・名入れバラエティギフトショップ

・パーカーボールペン専門店、たとえば高級文房具専門店の公式オンラインストア

おそらく後者だと思います。理由は簡単で、「名入れギフトショップ」よりも専門店の方がパーカーのボールペンを購入するには信頼感があるし、高級文房具専門店の包装紙だったら権威性、ブランド価値も高いから「失敗が無い」と考えるのではないでしょうか?

この場合、ユーザー視点からは「名入れギフトの専門店」よりも「パーカーボールペン専門店」の方が**信頼性**の重要度は高いと予測できます。

このように店舗の選定には**顧客インサイトに基づいた「E-A-T」**が深く関わっているのです。

さらに顧客インサイトの観点から、「価格」と「キーワード」の特徴が見えてきます。

「価格」についてパルセラさんの例でいうと、ユーザーは「良いものをリーズナブルに贈ろう」ではなく「失敗しない贈り物をしよう」と考えていると思われます。想定している予算も、3000円台とか5000円台といったザックリしたものではないでしょうか。実際、自社ECサイトでは送料込みで3960円のパーカーIMの名入れボールペンが爆発的に売れました。

しかし、同じ商品が楽天市場ではそれほど動きがありませんでした。競合他社が値引き販売を仕掛けてきたからです。楽天サーチから入ったユーザーはこの価格を見て、当初考えてもいなかった「リーズナブル」という概念が強く働き始め、「同じモノだったら半額の方がいいな」と思ったとしても不思議ではありません。

自社ECサイトと楽天市場で、販売価格と売れ行きに差がある事例だと思います。

もう一つの「キーワード」とは、ユーザー視点と店舗視点とでキーワードが異なることがあるということです。

ボールペンを知り合いの息子さんに贈るとして、「ギフトを贈ろう」と思いましたか、それとも「プレゼントを贈ろう」と思いましたか？

おそらく「プレゼント」ではないでしょうか？

一方、店舗のスタンスで考えると、「ギフト」となるのではないでしょうか？

売り手視点だと「ボールペンギフト」、ユーザー視点だと「ボールペンプレゼント」となり、キーワードがくい違っている可能性が高いのです。

実際、「ボールペンギフト」での月間平均検索数は590回ですが、「ボールペンプレゼント」では6600回もあります。月間平均検索数で10倍もの差があるのです。

顧客インサイトの観点からのキーワード選定が重要ということが分かる事例だと思います。

さて、売上の分析を続けましょう。パルセラさんは、12月に589万円の売上をたたき出しました。ギフトシーズンならではの数字だった可能性もありますが、2020年3月にも535万円という月商を売り上げたのです。これは完全に再現性のあるノウハウによる成果と言えると思います。パルセラさん曰く「専門店の設計が奏功したのだと思います」図7

一方でこんなこともおっしゃっていました。

「実は3月は予想外に伸びなかったな、というのが正直な感想です。3月の方がウチは繁忙期で売上が高いので、12月に589万円いったのだから1000万円ぐらい行くかな、と思っていたのです。もちろん535万円という結果はそれはそれで嬉しいのですが」

実は、データ分析の観点からもこの感想は正しいことがわかりました。

次ページに掲載した2019年12月のデータを見てください。

セッション数は3月の方が高いですが、これは主にオーガニック検索からの流入が3月の方が高く、SEOの施策が奏功し、リスティング広告によるアクセスも増えたので結果的に検索順位が上がったのが要因です。

実際に「パーカーボールペン」で最高17位、「パーカーIM」でも11位まで浮上しています。

客単価は両月ともほぼ同額です。

問題はサイト転換率なのですが、広告転換率も12月よりも2020年3月の方が低いのです。

2019年12月は25日を境にセッション数は急激に低下していきます。

図7　パルセラさん（自社ECサイト）売上推移

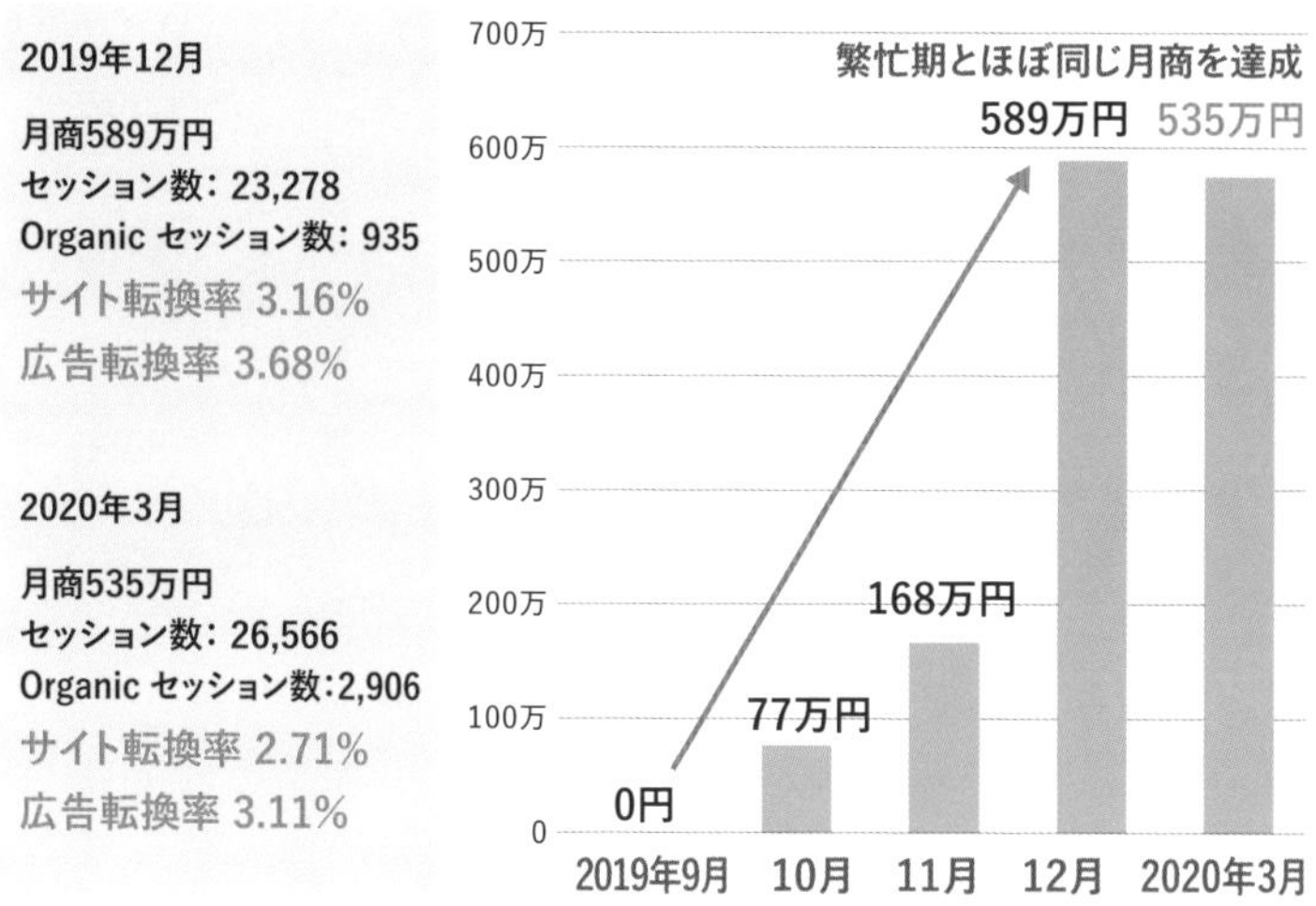
2019年12月
月商589万円
セッション数：23,278
Organic セッション数：935
サイト転換率 3.16%
広告転換率 3.68%
2020年3月
月商535万円
セッション数：26,566
Organic セッション数：2,906
サイト転換率 2.71%
広告転換率 3.11%
700万
600万
500万
400万
300万
200万
100万
0
繁忙期とほぼ同じ月商を達成
589万円
535万円
168万円
77万円
0円
2019年9月
10月
11月
12月
2020年3月

もちろんこれはクリスマス需要が終わったためで、もし25日以降もセッション数が同じだったらもっと売上は上がっていたことが予測できます。3月が12月と同じような売上だったとしても、この年末6日間を加味しても12月の月商を上回っていても不思議ではありません。しかし、実際には転換率の低下によって、12月よりも売上を期待できる3月の月商が頭打ちになってしまいました。

その原因を「売上高構成比率」の観点から見てみましょう。

売上高構成比率を見ると2019年12月は1位商品シェア率が57・45％で「効果的目標売上高構成比率」35〜40％を上回っており、2位との差も50ポイント以上ありますので最高月商更新もうなずけます。

問題なのは3月です。

1位の商品シェア率が79・52％で、「上限目標売上高構成比率」を上回っています。おそらく2019年12月の段階で1位商品のシェア率は上限に迫っていたのです。しかしそのまま3月に突入してしまったため、1位商品のシェア率が上限値の70%を越え、月商の上限値に達してしまったと考えられます。図8

この分析からパルセラさんは、次の集中商品、つまりキー・プロダクトを選定する段階に来ていることがわかります。

すでにパルセラさんは、行動に移しています。次のキー・プロダクトを「クロスボールペン」に設定し、「選び方ページ」を作成しています。現在「クロスボールペン」では検索順位15位となっています。（原稿執筆時）

図8　売上高構成比率の比較

	1位	2位
2019年12月	A 商品 57.45%	B 商品 6.69%
2020年3月	A 商品 79.52%	B 商品 14.49%

売上高構成比率を活用した事例

「ワークストリート」さん

肉のスズキヤさんの事例では売上高構成比率によってキー・プロダクトの必要性と売上の伸びしろについて分析しました。

パルセラさんの事例では同じく売上高構成比率を活用して2020年3月の売上の評価について月商の天井であり、次のキー・プロダクトを開発する必要性を分析結果から結論付け、実際に現在では行動に移っています。

三番目の事例として、キー・プロダクトの横展開の成果事例をワークストリートさんの売上高構成比率を分析しながら見てみましょう。図9

ワークストリートさんは、型番品名セレクトショップとして初めて「集客商品」を採用。年商を過去一番アップさせる結果を出しました。

集客商品・本命商品選定フレームワークの（5）を忠実に実践された成果と言えます。

図9 ワークストリート
www.work-street.jp

フレームワーク

（５）型番品名検索型セレクトショップの場合は、カテゴリ毎に集客商品、本命商品を設定して、集客商品はたとえば価格訴求ができる売れ筋ランキング１位商品をトップページのファーストビューに掲載するようにする。本命商品は、オリジナル商品に設定する。集客商品と本命商品とで共通する購買確率の高い集客力のあるカテゴリキーワードがあるのが理想型。

特定の安全靴を「当店売上ナンバーワン！とトップページファーストビューに掲載。これが原動力になりました。

その後、グーグルのペンギンアップデートで「安全靴」が10位まで下落。売上も２０１０年から２０１５年まで右肩上がりで成長していたのですが、２０１６年に初めて減収。そこで「ＳＥＯボトムアップ設計」を実装。２ヶ月間で「安全靴」１位を獲得。図10

そこから売上は反転。２０１７年には２０１５年を大きく上回る年商を達成。

図10 「安全靴」で１位を獲得

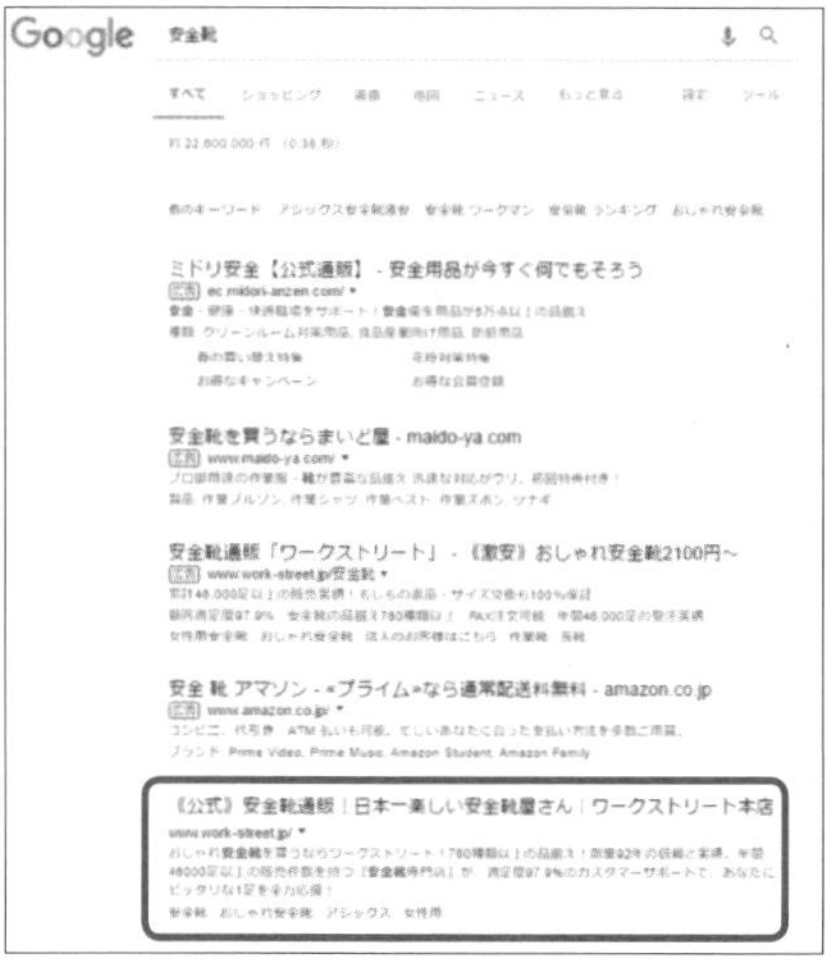

そのときの売上高構成比率は図11の通り。

1位商品は「安全靴」2位商品は「作業服」です。パルセラさんの事例のあとなので、すでにお分かりだと思いますが、1位商品シェア率：74・4％は、「**上限目標売上高構成比率**」である70％を上回っています。この段階で「安全靴」カテゴリが飽和状態になっていることがわかります。

このとき、ワークストリートさんは、すかさず次のキー・プロダクトを設定します。それは「作業服」です。「安全靴」で成功した「SEOボトムアップ設計」を「作業服」にも実装。

全靴カテゴリトップに「選び方ページ」を実装しました。

結果的に「作業服」でも「作業着」でも1位を獲得したのです。

その結果売上高構成比率は図12のようになりました。

注目は2つ、一つ目は、2番目のキー・プロダクト候補と設定した2位商品の「作業服」の売上高構成比率が「下限目標売上高構成比率：1位↓25％」（2位と10ポイント以上の差を付ける）を達成したのです。

そしてもう一つは1位商品（安全靴）シェア率が74・4％から55・38％に下がったことです。実は

図11

	1位	2位
安全靴のみ1位のとき	安全靴 74.4%	作業服 8.41%

図12

	1位	2位
安全靴のみ1位のとき	安全靴 74.4%	作業服 8.41%
安全靴1位 作業服1位	安全靴 55.38%	作業服 25.40%

このとき、全体の月商は125%アップしているのです。

つまり、安全靴の売上が微増していて、作業服の売上が大きく伸びたため全体の売上としては125%UPして、作業服比率が大きく伸びた、ということです。

これが**2番目のキー・プロダクトの重要性**を物語っていると思います。

なお、このとき安全靴も微増しているのですが、そのときの要因はオリジナル安全靴「チャーリーワークス」を投入したことです。図13

2番目のキー・プロダクトがSEOによって大きく伸びた裏側で、同時に安全靴のさらなるジャンプUPも設計していたことになります。オリジナル安全靴「チャーリーワークス」は、自社製造商品ですので粗利益率もバツグンに高い、粗利益率をアップさせることにも成功しました。

図13　2番目のキー・プロダクト「チャーリーワークス」

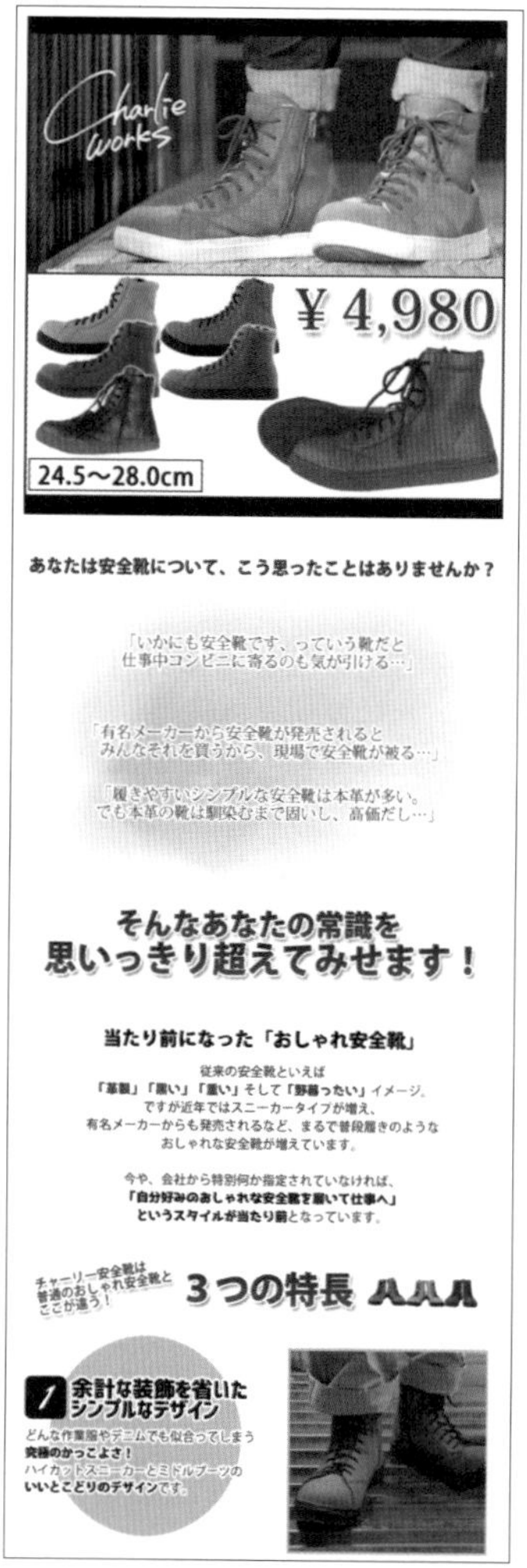

www.work-street.jp/c/anzengutsu/oshareanzengutsu/oshare-stylish/shoesWS1019

ビジネス・インパクト・フレームワーク

（1）4つの変数＋リスト（メルマガ・SNS）5つのうちどこの数字UPでビジネス・インパクトが大きいか？どこに強みがあるか？

（2）新規、リピーター（リスト）に刺さる新商品開発でリスト増、転換率UP

（3）トルネード効果（売上の上昇気流）

（4）ビッグキーワードで1位、または上位のインデックスページの改修で転換率UP

（5）売上高構成比率1位の商品が25％行っていない場合、キー・プロダクトを設定することでビジネス・インパクトの大きい売上を上げることが可能

ランチェスター戦略「ビジネス・インパクト」トータル事例

最後にこれまで説明してきたランチェスター戦略に基づくフレームワークの数々のおさらいの意味も含めて、トータル事例を紹介いたします。

本書の本質を一言で説明するならば

「**ビジネス・インパクトが最大化するところにリソースの集中を行う方法**」

となると思います。そしてそれこそが本書におけるランチェスター戦略の解釈であり、活用してきた既存の著名なフレームワークの数々は、ビジネス・インパクトの最大化を実現する場所を探すツールと考えていただければわかりやすいと思います。

このフレームワークをふまえて戦国魂さんの事例を分析してみましょう。図14

図14 **戦国魂（せんごくだま）**
www.sengokudama.jp

戦国魂さんは、戦国武将グッズやお城グッズを企画、製造、販売している、かなり趣味性の高いネットショップさんです。経営者の鈴木さんは、戦国時代等の知識が深く、ゲーム「戦国BASARA」の歴史監修も担当したほどの実力をお持ちです。

2020年1月〜6月までの半年間で大きな成果を上げられました。3月以降の実績で最高月商をどのように更新していき、キー・プロダクトを作り出していったのか？戦国魂さんはどこにリソースを集中させてビジネス・インパクトを最大にしていったのか？を分析したいと思います。

2020年3月のデータは図15になります。戦国BASARAのイベントがらみで関連グッズを緊急販売したため、臨時の売上が立ちました。戦国BASARA関連が118万円あり、それ以外の売上は98万円となっています。

2020年4月のデータが図16になります。BASARA関連を除外した売上の3月との平均は、111万2282円となっていて、この数字が3月4月時点での月間基礎売上高となっています。

そして5月、最高月商を更新します。図17 このあと詳細に説明しますが、墨城印と墨将印という新商品がヒットしたのが最大の理由です。

セッション数は4月との比較で169％アップ、コンバージョン率は3・2倍となっています。図18 セッション数とコンバージョン率が上がった理由は明白です。

(1) ソーシャルからの売上が上がった
(2) メルマガからの売上が上がった

という二つのリストから売上が立ったのです。グーグルアナリティクスでチャネルを確認すると「other」から116万円売れていますが、内訳をみるとほぼ全額メールマガジンから売れています。つまり、ソーシャルメディアとメルマガと

図15 2020年3月の売上

Default Channel Grouping	集客			行動			コンバージョン eコマース		
	ユーザー ↓	新規ユーザー	セッション	直帰率	ページ/セッション	平均セッション時間	eコマースのコンバージョン率	トランザクション数	収益
	17,426 全体に対する割合: 100.00% (17,426)	15,695 全体に対する割合: 100.17% (15,669)	22,577 全体に対する割合: 100.00% (22,577)	62.08% ビューの平均: 62.08% (0.00%)	4.79 ビューの平均: 4.79 (0.00%)	00:02:11 ビューの平均: 00:02:11 (0.00%)	1.59% ビューの平均: 1.59% (0.00%)	359 全体に対する割合: 100.00% (359)	¥2,164,676 全体に対する割合: 100.00% (¥2,164,676)
1. Organic Search	11,036 (62.21%)	10,473 (66.73%)	12,655 (56.05%)	79.79%	2.83	00:01:09	0.67%	85 (23.68%)	¥388,474 (17.95%)
2. Direct	3,156 (17.79%)	2,479 (15.79%)	4,352 (19.28%)	47.15%	5.76	00:02:49	2.76%	120 (33.43%)	¥701,041 (32.39%)
3. Referral	2,331 (13.14%)	1,727 (11.00%)	3,713 (16.45%)	28.66%	8.62	00:04:44	2.61%	97 (27.02%)	¥621,280 (28.70%)
4. Social	1,194 (6.73%)	994 (6.33%)	1,833 (8.12%)	42.55%	8.29	00:02:36	3.11%	57 (15.88%)	¥453,881 (20.97%)
5. (Other)	23 (0.13%)	22 (0.14%)	24 (0.11%)	95.83%	1.04	<00:00:01	0.00%	0 (0.00%)	¥0 (0.00%)

月商2,164,676円、セッション数：22,577、コンバージョン率：1・59%。

図16 2020年4月の売上

Default Channel Grouping	集客			行動			コンバージョン eコマース		
	ユーザー ↓	新規ユーザー	セッション	直帰率	ページ/セッション	平均セッション時間	eコマースのコンバージョン率	トランザクション数	収益
	17,547 全体に対する割合: 100.00% (17,547)	14,959 全体に対する割合: 100.09% (14,945)	22,456 全体に対する割合: 100.00% (22,456)	61.81% ビューの平均: 61.81% (0.00%)	4.62 ビューの平均: 4.62 (0.00%)	00:02:12 ビューの平均: 00:02:12 (0.00%)	1.17% ビューの平均: 1.17% (0.00%)	262 全体に対する割合: 100.00% (262)	¥1,241,578 全体に対する割合: 100.00% (¥1,241,578)
1. Organic Search	10,399 (57.41%)	9,041 (60.44%)	11,840 (52.73%)	79.20%	2.93	00:01:12	0.66%	78 (29.77%)	¥338,582 (27.27%)
2. Direct	3,551 (19.60%)	2,790 (18.65%)	4,937 (21.99%)	45.94%	5.92	00:03:07	2.23%	110 (41.98%)	¥508,802 (40.98%)
3. Referral	2,265 (12.50%)	1,747 (11.68%)	3,248 (14.46%)	34.08%	7.55	00:04:05	1.20%	39 (14.89%)	¥187,193 (15.08%)
4. Social	961 (5.30%)	755 (5.05%)	1,248 (5.56%)	45.43%	6.40	00:02:21	1.36%	17 (6.49%)	¥101,073 (8.14%)
5. (Other)	566 (3.12%)	262 (1.75%)	769 (3.42%)	42.13%	6.46	00:03:21	2.08%	16 (6.11%)	¥97,395 (7.84%)
6. Display	320 (1.77%)	319 (2.13%)	348 (1.55%)	60.63%	4.53	00:01:44	0.29%	1 (0.38%)	¥5,830 (0.47%)
7. Paid Search	53 (0.29%)	45 (0.30%)	66 (0.29%)	37.88%	10.73	00:04:03	1.52%	1 (0.38%)	¥2,703 (0.22%)

月商1,241,578円。セッション数：22,456。コンバージョン率：1・17%

図17 2020年5月の売上

Default Channel Grouping	集客			行動			コンバージョン eコマース		
	ユーザー ↓	新規ユーザー	セッション	直帰率	ページ/セッション	平均セッション時間	eコマースのコンバージョン率	トランザクション数	収益
	26,747 全体に対する割合: 100.00% (26,747)	22,876 全体に対する割合: 100.26% (22,816)	38,119 全体に対する割合: 100.00% (38,119)	53.82% ビューの平均: 53.82% (0.00%)	4.95 ビューの平均: 4.95 (0.00%)	00:03:02 ビューの平均: 00:03:02 (0.00%)	3.79% ビューの平均: 3.79% (0.00%)	1,443 全体に対する割合: 100.00% (1,443)	¥5,106,799 全体に対する割合: 100.00% (¥5,106,799)
1. Organic Search	13,963 (49.91%)	11,540 (50.45%)	16,562 (43.45%)	71.41%	3.55	00:01:44	1.86%	308 (21.34%)	¥1,063,575 (20.83%)
2. Direct	4,501 (16.09%)	3,853 (16.84%)	6,575 (17.25%)	47.94%	5.12	00:03:20	4.58%	301 (20.86%)	¥906,619 (17.75%)
3. Referral	4,169 (14.90%)	3,375 (14.75%)	6,525 (17.12%)	24.00%	7.50	00:05:17	2.90%	189 (13.10%)	¥831,119 (16.27%)
4. Social	3,023 (10.81%)	2,537 (11.09%)	4,555 (11.95%)	47.88%	5.31	00:03:41	7.16%	326 (22.59%)	¥951,854 (18.64%)
5. (Other)	1,501 (5.37%)	811 (3.55%)	2,961 (7.77%)	46.77%	6.11	00:03:57	10.44%	309 (21.41%)	¥1,164,982 (22.81%)
6. Display	511 (1.83%)	496 (2.17%)	590 (1.55%)	53.73%	4.85	00:02:16	0.85%	5 (0.35%)	¥150,590 (2.95%)
7. Paid Search	308 (1.10%)	264 (1.15%)	351 (0.92%)	24.79%	5.95	00:02:00	1.42%	5 (0.35%)	¥38,060 (0.75%)

月商5,106,799円、セッション数：38,119、コンバージョン率：3・79%、客単価：3,539円

図18　2020年4月と5月の売上比較

	月商	セッション数	転換率	客単価	リスト売上
2020年4月	1,241,578円	22,456	1.17%	@4,739円	19.8万円（15.98%）
2020年5月	5,106,799円	38,119（169% UP）	3.79%（3.2倍）	@3,539円	211.6万円（41.45%）

図19　メールマガジンからの売上

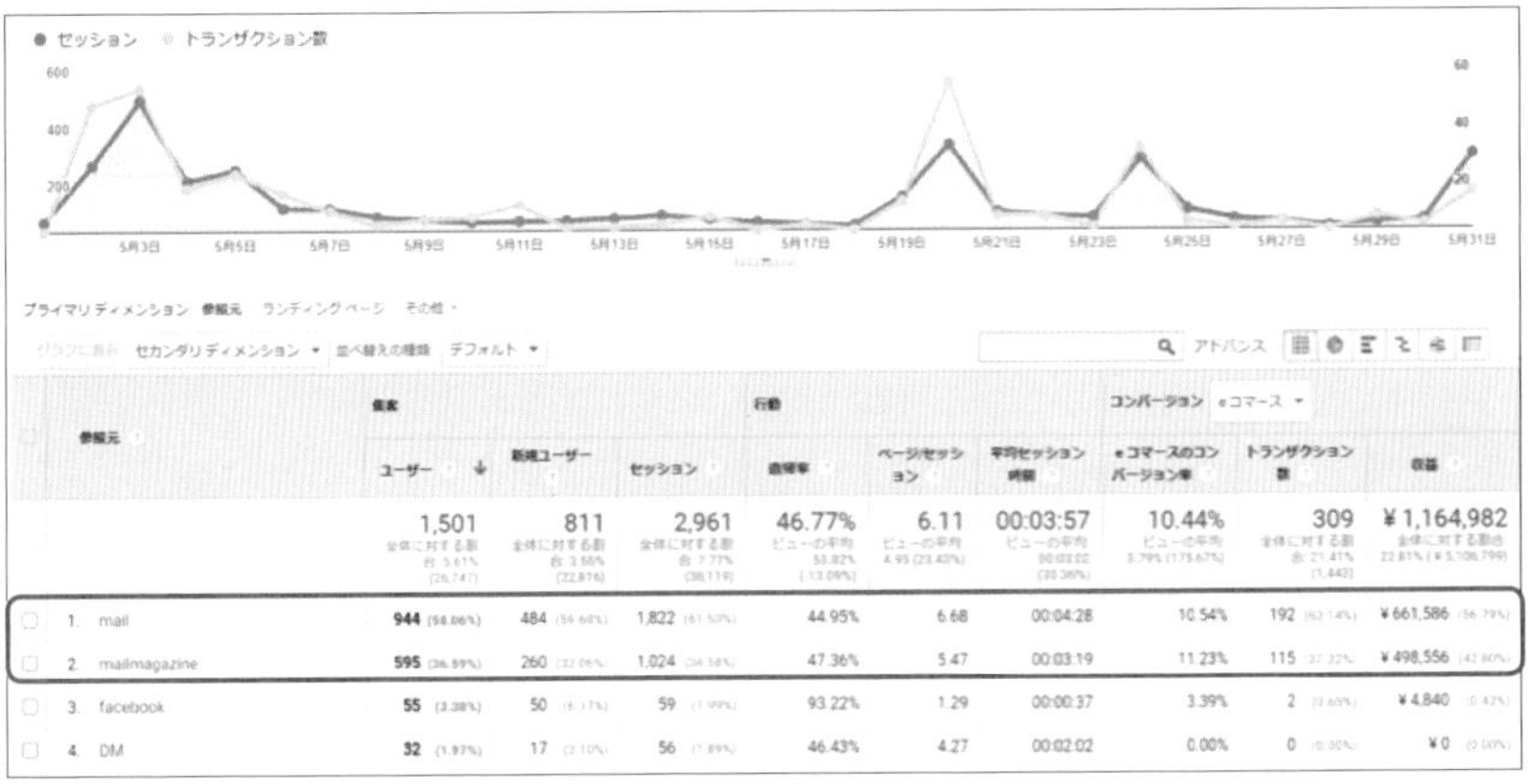

Otherはほぼメルマガからの売上。116万円売れている。

いうリストからの売上で２１０万円売れていることになります。図19

ちなみにメールアドレスは、４月と５月では、５３７通増加しています。ソーシャルからの売上は93万円となっています。図20

フレームワーク

（1）４つの変数＋リスト（メルマガ・ＳＮＳ）５つのうちどこの数字ＵＰでビジネス・インパクトが大きいか？

「ビジネスインパクト・フレームワーク」（１）の観点から見ると、セッション数と転換率のアップが最高月商更新の原動力になっていることがわかります。では、どうしてセッション数と転換率が上がったのでしょうか？

図20　ソーシャルからの売上

ソーシャルネットワーク	集客		行動				コンバージョン eコマース		
	ユーザー	新規ユーザー	セッション	直帰率	ページ/セッション	平均セッション時間	eコマースのコンバージョン率	トランザクション数	収益
	3,023 全体に対する割合: 11.30% (26,747)	2,537 全体に対する割合: 11.12% (22,816)	4,555 全体に対する割合: 11.95% (38,119)	47.88% ビューの平均: 53.82% (-11.03%)	5.31 ビューの平均: 4.95 (7.22%)	00:03:41 ビューの平均: 00:03:02 (21.73%)	7.16% ビューの平均: 3.79% (89.06%)	326 全体に対する割合: 22.59% (1,443)	¥951,854 全体に対する割合: 18.64% (¥5,106,799)
1. Twitter	2,118 (69.92%)	1,747 (68.86%)	3,415 (74.97%)	48.05%	5.84	00:04:09	8.17%	279 (85.58%)	¥796,039 (83.62%)
2. Facebook	877 (28.98%)	760 (29.96%)	1,100 (24.15%)	47.55%	3.72	00:02:16	3.91%	43 (13.19%)	¥143,495 (15.08%)
3. Ameba	14 (0.46%)	11 (0.43%)	15 (0.33%)	26.67%	3.60	00:06:36	20.00%	3 (0.92%)	¥7,040 (0.74%)
4. Instagram	13 (0.43%)	13 (0.51%)	14 (0.31%)	35.71%	4.43	00:02:55	7.14%	1 (0.31%)	¥5,280 (0.55%)
5. Pinterest	4 (0.13%)	4 (0.16%)	4 (0.09%)	100.00%	1.00	00:00:00	0.00%	0 (0.00%)	¥0 (0.00%)
6. (not set)	1 (0.03%)	1 (0.04%)	2 (0.04%)	50.00%	1.50	00:00:01	0.00%	0 (0.00%)	¥0 (0.00%)
7. Line	1 (0.03%)	0 (0.00%)	4 (0.09%)	75.00%	1.75	00:00:09	0.00%	0 (0.00%)	¥0 (0.00%)
8. YouTube	1 (0.03%)	1 (0.04%)	1 (0.02%)	0.00%	7.00	00:01:03	0.00%	0 (0.00%)	¥0 (0.00%)

Twitterからのセッション数3,415、コンバージョン率8・17%、売上796,039円
Facebookからのセッション数1,100、コンバージョン率3・91%、売上143,495円
合計：939,534円

事例をフレームワークで分析

戦国魂さんの公式ツイッターアカウントはフォロワーが9949人いますので、セッション数で見ると、1／3は来訪したことになります。どうしてこんなにツイッターやフェイスブックからの来訪が多かったのかといいますと、この月に「墨城印」という新商品をリリースしたのです。(御朱印帳のお城バージョンです。)同時に「墨城印」の戦国武将バージョンの「墨将印」も同時にリリース、それぞれコンプリートセットもヒットしました。図21

墨城印8種類コンプリートページの、行動＞サイトコンテンツ＞ランディングページを見ると、1位はツイッターからでセッション数は1260、転換率は13・10％、2位は5月2日のリリース時のメルマガでセッション数530、転換率14・53％となっています。図22

この反応を見ると、新商品がツイッター、フェイスブックのソーシャルメディアとメルマガユーザーに激しく刺さっていることが裏付けられます(フレームワーク(2))。

図21 「墨城印」「墨将印」

墨城印
墨絵師御歌頭による墨城画入り御城印
墨絵は戦国魂所属のアーティスト「墨絵師御歌頭」氏の描き下ろし作品
城名は海外アーティストShunOniniwa氏によるもの

武将墨絵や家紋、花押や印が美しい
戦国魂オリジナル武将印
墨将印
墨絵師御歌頭による武将画入り武将印
コンプセット
第９弾は1月死没の武将！

図22 行動＞サイトコンテンツ＞ランディングページ

	ランディング ページ	参照元/メディア	セッション	新規セッション率	新規ユーザー	直帰率	ページ/セッション	平均セッション時間	トランザクション数	収益	eコマースのコンバージョン率
			3,278 全体に対する割合: 8.60% (38,119)	53.33% ビューの平均: 59.85% (-10.91%)	1,748 全体に対する割合: 7.66% (22,816)	51.31% ビューの平均: 53.82% (-4.66%)	4.98 ビューの平均: 4.95 (0.71%)	00:04:29 ビューの平均: 00:03:02 (48.76%)	386 全体に対する割合: 26.75% (1,443)	¥1,112,824 全体に対する割合: 21.79% (¥5,106,799)	11.78% ビューの平均: 3.79% (211.07%)
1.	/fs/sengokudama/bokujouin-comp	t.co / referral	1,260 (38.44%)	58.33%	735 (42.05%)	54.13%	4.99	00:05:04	165 (42.75%)	¥471,402 (42.36%)	13.10%
2.	/fs/sengokudama/bokujouin-comp	mail / mail20200502	530 (16.17%)	50.94%	270 (15.45%)	46.23%	6.19	00:05:00	77 (19.95%)	¥240,272 (21.59%)	14.53%
3.	/fs/sengokudama/bokujouin-comp	(direct) / (none)	489 (14.92%)	61.55%	301 (17.22%)	58.08%	3.82	00:03:57	47 (12.18%)	¥119,570 (10.74%)	9.61%
4.	/fs/sengokudama/bokujouin-comp	mail / mail20200504	383 (11.68%)	30.29%	116 (6.64%)	43.86%	5.67	00:04:38	57 (14.77%)	¥162,395 (14.59%)	14.88%
5.	/fs/sengokudama/bokujouin-comp	m.facebook.com / referral	263 (8.02%)	84.41%	222 (12.70%)	51.33%	3.27	00:02:31	18 (4.66%)	¥48,400 (4.35%)	6.84%
6.	/fs/sengokudama/bokujouin-comp	mailmagazine / mail20200523	148 (4.51%)	28.38%	42 (2.40%)	45.95%	6.54	00:02:53	4 (1.04%)	¥15,125 (1.36%)	2.70%
7.	/fs/sengokudama/bokujouin-comp	google / organic	55 (1.68%)	40.00%	22 (1.26%)	34.55%	5.29	00:05:34	5 (1.30%)	¥17,600 (1.58%)	9.09%
8.	/fs/sengokudama/bokujouin-comp	yahoo / organic	46 (1.40%)	26.09%	12 (0.69%)	56.52%	3.33	00:03:18	2 (0.52%)	¥4,840 (0.43%)	4.35%
9.	/fs/sengokudama/bokujouin-comp	sengokudama.com / referral	36 (1.10%)	0.00%	0 (0.00%)	58.33%	4.86	00:04:35	4 (1.04%)	¥17,600 (1.58%)	11.11%
10.	/fs/sengokudama/bokujouin-comp	ameblo.jp / referral	12 (0.37%)	75.00%	9 (0.51%)	25.00%	4.00	00:08:06	3 (0.78%)	¥7,040 (0.63%)	25.00%

フレームワーク

(2) 新規、リピーター（リスト）に刺さる新商品開発でリスト増、転換率UP

逆に3月にリリースした戦国BASARAの時よりも3倍近く売上が上がっているのを見ても、戦国BASARA関連グッズよりも今回の墨城印、墨将印の方がリストにマッチしていることが数字の上からも裏付けられています。図23

墨城印の売上高構成比率は、224万円で43・94％
墨将印の売上高構成比率は、84万円で16・44％

墨城印がキー・プロダクトとなっていて、月商の最高売上を上げる35％～40％を少し越えていることがわかります。さらに2位商品との間に10ポ

図23　2020年3月と5月の売上高構成比率の比較

2020年3月売上高構成比率

	1位	2位
商品	BASARAグッズ	ビクトリノックス
比率	54.58％	11.89％

BASARAグッズはキー・プロダクトの要件を満たしているが、月商が216万円のため**今後の拡張性が低いことが予測される。**

→

2020年5月売上高構成比率

	1位	2位
商品	墨城印	墨将印
比率	43.94％	16.44％

この月は、**月商510万円と最高月商を更新**している。500万円を越えているのである程度の市場規模があると判断、キー・プロダクトと認識。

イント以上の差が付いています。

売上高構成比率の観点からも最高月商更新は納得です。

これまでは、これというキー・プロダクトがなかったのですが、今回リストにマッチした「墨城印」と「墨将印」というキー・プロダクトが誕生したことになります（フレームワークの（5））。

フレームワーク

（5）売上高構成比率1位の商品が25％行っていない場合、キー・プロダクトを設定することでビジネス・インパクトの大きい売上を上げることが可能

ちなみに墨城印と墨将印の新商品のトータルの売上高は308万円です。

全体の売上510万円−308万円＝202万円となります。

3月、4月の基礎売上は111万円でしたから、91万円は、フレームワーク（3）トルネード

効果と言える売上と考えられます。図24

フレームワーク

(3) トルネード効果(売上の上昇気流)

トルネード効果とは、キー・プロダクトの売上が集中してアップしていくとあたかもその売上の上昇気流に巻き込まれる形で他の商品が売れていく現象を指します。

売上の上昇気流によって、キー・プロダクトの売上でも無い、基礎売上でも無い売上が上がります。これは何かの商品との同梱購入かもしれませんし、セッション数がアップしたことによって、ドメインパワーがアップしたことで想定していないキーワードで検索順位が上がっている可能性もあります。

実際に鈴木社長にお伺いすると「墨城印、墨将印の売上が上がると、他の関係無い商品の売上も

図24 トルネード効果

キー・プロダクト化

商品	数量	固有の購入	商品の収益	平均価格	平均数量	
『墨城印』★第一弾コンプリートセット	799	670	1840960.00	2304.08	1.19	
『墨将印』■第一弾コンプリートセット(武将印	363	309	798600.00	2200.00	1.17	墨城印売上
『墨絵師御歌頭』金塗墨絵武将ポストカード	278	267	152900.00	550.00	1.04	2,244,165
『墨将印』(武将印)	149	141	40975.00	275.00	1.06	43.94%
『墨城印』★第一弾コンプリートセット(御城印	139	119	366960.00	2640.00	1.17	墨将印売上
蒔絵紋 ミニサイズ 【売りつくしSALE】	130	100	7150.00	55.00	1.30	839,575
『墨城印』	65	59	18425.00	283.46	1.10	16.44%
戦国兜根付け	62	28	54560.00	880.00	2.21	2種類売上
メタル製家紋チャーム 【売りつくしSALE】	57	25	1881.00	33.00	2.28	3,083,740
現存十二天守アクリルキーホルダー	55	21	23540.00	428.00	2.62	売上高構成比率
『墨城印』(御城印)	54	48	17820.00	330.00	1.13	60.37%
週刊ビジュアル『戦国王』 52~101号	51	51	31161.00	611.00	1.00	2種以外売上
ねこねこ日本史 下敷き(A4) ※会員ならお得!	40	28	10230.00	255.75	1.43	2,024,049
アイアンフレームART家紋『珪藻土コースター』	39	30	17160.00	440.00	1.30	
武将 スティックメモ	33	23	10362.00	314.00	1.43	
ねこねこ日本史『クリアファイル』	31	14	12760.00	411.61	2.21	
ねこねこ日本史 和紙アクリルキーホルダー ※会	29	20	13310.00	458.97	1.45	

100万円程度は
トルネード効果と予測

上がっていた」とおっしゃっていました。

グーグルアナリティクスのチャネルを見ると、広告からのセッション売上は少ししかありませんでした。

では、SEOの観点ではどうでしょうか？

実は、ランディングページでセッション数順で見てみるとトップページの22211についでセッション数の多いページが「明智光秀グッズ」のページで10129もありました。

ほとんどのセッションがヤフーオーガニックという特徴がありますが、コンバージョン率は0・01%とほとんど売れていないことがわかります。すべて合わせても4千円程度の売上でした。ちなみに「明智光秀グッズ」では検索順位1位です。

このことからもほとんどがリストにマッチした新商品効果での売上であることがわかります。

2020年6月の数字を5月と比較すると、セッション数もコンバージョン率も微減となっていますが、客単価が1200円ほど上昇したために、5月を上回る月商を上げることができました。図25

これは6月に「御城印帳」を新規でリリースしたためです。墨城印8種類コンプリートセットは、2640円ですが、御城印帳は3279円です。さらに御城印帳＋御城印帳袋セットが203セット販売、89万円販売されているのが客単価を押し上げている要因です。

6月の売上高構成比率は次図のようになっています。

一見、キー・プロダクトが消失したように見えます。しかし実は、御城印帳のリリースによって、墨城印と墨将印、そして印帳をまとめて購入したり、6月にリリースされた第二弾を見て、遡って5月にリリースされた第一弾と合わせて購入したり、という変則的な購入が増えたのが要因です。

ここまで混沌とすると、墨城印、墨将印、印帳の3種類で一つのキー・プロダクトと呼んでよいと

図25 2020年5月と6月の月商比較

	月商	セッション数	転換率	客単価	リスト売上
2020年6月 最高月商更新	5,644,620円	33,550	3.57%	@4,708円	318.5万円 (56.43%)
2020年5月	5,106,799円	38,119	3.79%	@3,539円	211.6万円 (41.45%)

思います。

ちなみに、3種類を合計した売上高は421万円、売上高構成比率は、74・78%となり、上限構成率に達しています。

7月にも墨城印、墨将印の第三弾を予定しています。これも売れると思いますが、おそらく予測としては、現状のリストによる購入がマックスだと思いますので大きな最高月商更新は起こりにくいと思います。

墨城印売上：1,544,400円
売上高構成比率：27.38%

墨将印売上：1,287,715円
売上高構成比率：22.83%

御城印帳売上：1,385,758円
売上高構成比率：24.57%

さらに3種類のキー・プロダクト以外の売上高は142万円となり、トルネード効果は30万円程度と予測されますので、トルネード効果も低くなっています。

まあ、印帳売上をトルネード効果と考えれば上がっているとも言えますが、いずれにしてもリスト売上による上限に達していると思われます。

今後は、メルマガリスト、ツイッターリストを増やして行くことが重要です。

そのためにもこれまでフレームワークの中で、力を入れてこなかった、

- **広告運用の効率化（キーワードの絞り込み）と広告費のアクセルの踏み方**
- **ビッグキーワードで1位、または上位のインデックスページの改修で転換率UP**

といった、検索エンジンからの集客に力を入れていくのも重要だと思います。

月間平均検索数としては、

「戦国武将」1万8100階
「戦国魂」（指名検索）880回（2020年5月は1600回ありました）
「御城印」8100回
「御城印帳」3600回
「城御朱印」880回

といったところが主な検索キーワードとなると思います。図26

「戦国武将」や「戦国魂」以外のキーワードでは上位表示されていないようですので、検索エンジン対策を実施することで新規が増えることが予測できます。

この辺はフレームワーク（4）を視野に入れたこのあとの横展開での売上アップのアドバイスになります。

フレームワーク

（4）ビッグキーワードで1位、または上位のインデックスページの改修で転換率UP

図26 検索キーワード

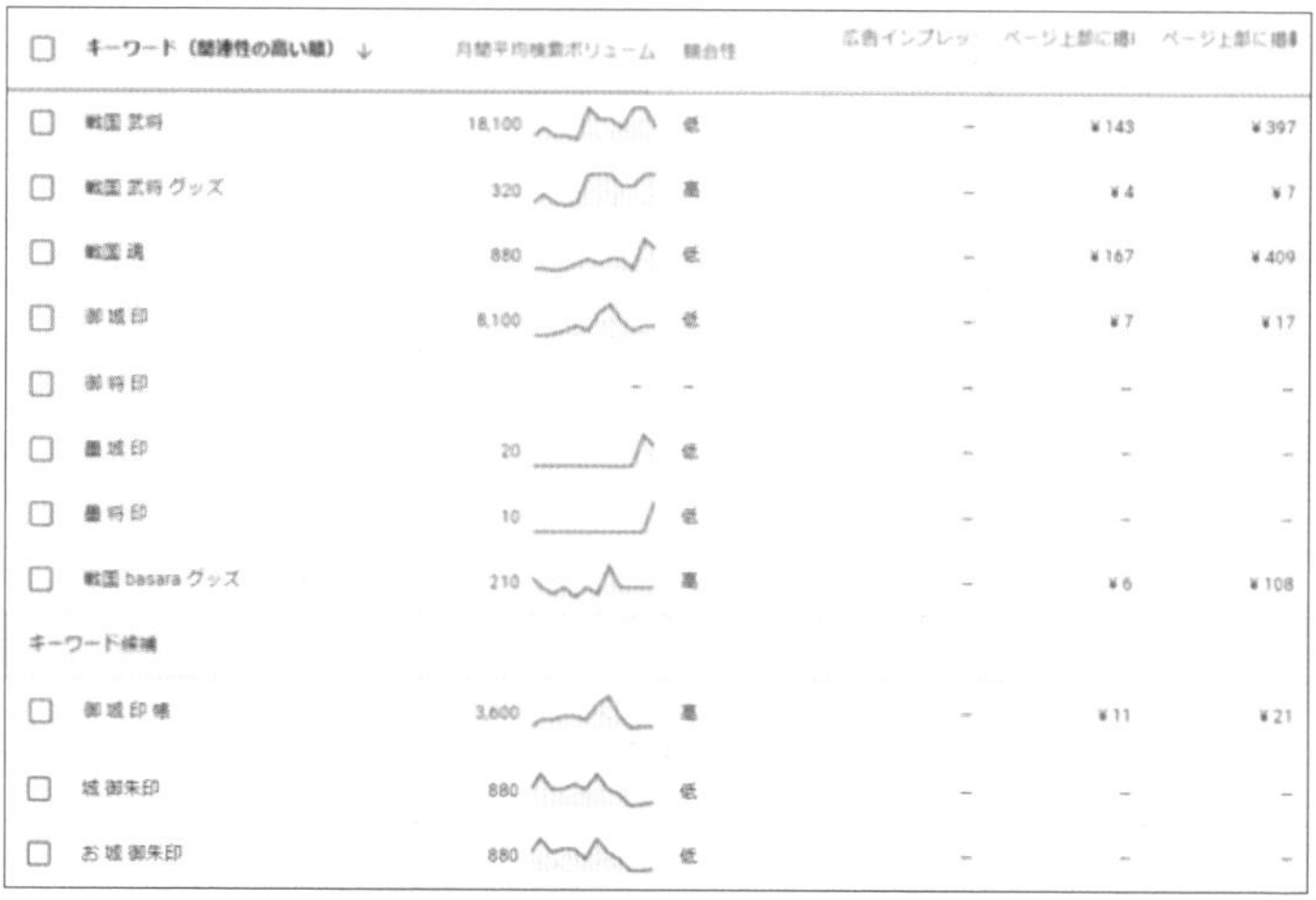

キーワード（関連性の高い順）↓	月間平均検索ボリューム	競合性	広告インプレッ	ページ上部に掲	ページ上部に掲
戦国 武将	18,100	低	–	¥143	¥397
戦国 武将 グッズ	320	高	–	¥4	¥7
戦国 魂	880	低	–	¥167	¥409
御 城 印	8,100	低	–	¥7	¥17
御 将 印	–	–	–	–	–
墨 城 印	20	低	–	–	–
墨 将 印	10	低	–	–	–
戦国 basara グッズ	210	高	–	¥6	¥108
キーワード候補					
御 城 印 帳	3,600	高	–	¥11	¥21
城 御朱印	880	低	–	–	–
お 城 御朱印	880	低	–	–	–

今後の戦国魂さんのさらなる伸びしろになると考えます。

あと可能性があるとすれば「明智光秀グッズ」で新商品をリリースするのも良いと思います。本書執筆時点で「麒麟が来る」が放送再開しているので、テレビ番組の内容に則した明智光秀関連の「墨将印」セットを販売するのも面白いと思います。

と思っていたら、実際に9月にリリースしていました。

戦国BASARAの15周年記念イベントグッズも販売、墨城印、墨将印の新作もリリースされていて、5月、6月に続いて9月も月商ギネスを更新されました。すばらしいですね。

おわりに

本書を書き上げていくプロセスで、改めて「ランチェスター戦略」という、自分にとって最も根幹のノウハウを見つめ直す機会をいただくことができました。

これまで読んできた本も読み返し、2009年に上梓した『ホームページなら小が大に勝てる！ 儲かる会社 ランチェスター戦略』（KADOKAWA刊）も読み返し、自分自身で実践してきたことも振り返ってみました。

その結果、ランチェスター戦略のネットショップ活用という観点では、「ビジネス・インパクトが最大化するところにリソースの集中を行う方法」という経営戦略的なビジネスを俯瞰する考え方と、それとは対極の「ネットショップの商品バナーの位置を変更することで売上が変わるという事実」といったような極めて手法的な考え方をミックスさせることが重要なのだ、という結論に達しました。

これは何を意味しているか。経営者が現場を知らないといけない、経営者が自ら現場で陣頭指揮を執ることの重要性を意味していると考えます。それこそがランチェスター戦略からの一番の学びに思えました。

『キングダム』というマンガが大好きで読んでいるのですが、主人公の信（李信）の師匠である大将軍「王騎」のようにいざとなると最前線で陣頭指揮をとったり、場合によっては自身で戦いの中に入っていく、そんな軍師と戦闘、戦略と戦術、手法というありとあらゆることを知りながら、実際の戦いの中で成果を上げることが重要なのだと「新型コロナ禍」のまっただ中で改めて認識しました。

元々の構成では2章の「一点集中」で書くはずだった「顧客インサイト」をあえてブランディングと合わせて1章割いて説明したのは、この時代において、経営者が顧客と対峙することの重要性、顧客を理解している経営者の強さを痛感したからです。

師匠であるランチェスター経営の竹田陽一先生も「経営者が誰よりも一番長時間労働しなければならない」とおっしゃっています。自戒の念として、ここに記しておきます。

２００９年2月、沖縄で8社の有志が集い「ＥＣ実践会」という名前を付けてくださり、それを踏襲させていただいています。

「実践」こそが我々中小規模の事業者にとって最も重要なことだと考えています。

しかし、実践と独学では、おのずと限界が見えてきたのです。私は２００６年に事業をある上場企業に譲渡（Ｍ＆Ａ）しましたが、そのときの親会社の事業規模は年商１００億円。しかし、ＥＣ実践会にはそれ以上の事業規模の会社さんが、ネットショップの売上を上げていこうと考えて何社も受講されたのです。年商1億円の会社さんにとって１０００万円の売上アップは年商の10％のインパクトです。しかし、年商１００億円の企業にとっては０・１％にしかなりません。このときに「ビジネス・インパクト」ということを考えることになります。そんなときにあるご縁をいただき、1年間経営戦略とマーケティングを学び直すことができました。

今回、ランチェスター戦略に、既存のフレームワークをミックスする、というアイディアを着想したのは、この1年間の学びが非常に大きかったのです。

市場を絞り込むことは重要ですが、ネットショップにおいては、絞り込み過ぎると市場規模が小さくなってしまい、ビジネス・インパクトが弱まってしまうという説明に「STP」と「6R」というフレームワークを活用したり、差別化のところで、バリューチェーン分析を活用し、「規模の経済」「範囲の経済」「経験曲線」を組み合わせて、ビジネスモデルの観点から競合他社と比較した「強み」を差別化とするアイディアもこの学びから着想しました。

この学びの機会をいただき、またいつもセミナーやEC実践会の会場等、大変お世話になっています、フューチャーショップの星野社長、本当にありがとうございます。

EC実践会の受講者さんに感謝いたします。みなさまの努力と、実践こそが、日本を活性化させるのだと思います。本当に素晴らしいと思います。事例も快く掲載をご快諾いただきまして本当にありがとうございます。みなさまのがんばりが、事例となって、本書の読者様のお役に立てているのだと思います。本当にありがとうございます。

EC実践会の事務局の皆様にも感謝。私は多くの地域を回らさせていただいていますが、各地域の受講者さんのサポートは事務局さん無しでは叶いません。本当にありがとうございます。

POSTSCRIPT
おわりに

書籍を書くときには、毎回のことですが、家族にも感謝。

仕事と出張と勉強で、ほとんどプライベートが無かったのですが、本当にいつもすみません。いつか埋め合わせします。ありがとうございます。今回、特に娘との会話を書籍に書く、という試みをしたのですが「なで肩」をカミングアウトすることになるけどいい？と聞いたら「いいよ」と快諾してくれた娘。勉強中、まるで大学の同級生のように、アドバイスをくれました。それがどれだけありがたく、嬉しかったことか！本当にありがとう。

本書をお読みくださった、あなたにも感謝。

この大変な時期、本書が、あなたのビジネスを活性化させることができたらこんなに嬉しいことはありません！いっしょにがんばっていきましょう！

すべてに感謝！ありがとうございました！

２０２１年１月　水上浩一

著者プロフィール

水《みず》上《かみ》浩《ひろ》一《かず》

株式会社ドリームエナジーコンサルティング代表取締役

ランチェスター戦略をウェブマーケティングに効果的に活用、
SEO×コンバージョン率×リスティング広告、三位一体設計による
圧倒的成果の勉強組織「水上 浩一 EC実践会 for futureshop」を
全国22地域で展開、受講者数は3300名を超える。
講演・セミナー回数は年間180回以上。
ジャンルを問わず短期間で劇的なネットショップの売上アップ実績多数。

大手上場企業、大規模小売店から生産者直売店舗等地域活性化まで
ジャンルを問わず短期間で劇的なネットショップの売上アップ、
コンサルティング成果実績多数。

著書に『SEOに強い！ネットショップの教科書』（マイナビ出版）、
『ホームページなら小が大に勝てる! 儲かる会社 ランチェスター戦略』
（KADOKAWA）他多数。

INDEX
索引

収集型 088
商品の一点集中 053
常連化曲線 063
信頼性 195
スケールメリット 032,142
スマートフォン 023
スモールキーワード 068
生産性の公式 031
製造 044,047,145
成長性 079
接近戦 049,156
潜在欲求の明確化 114
専門性 151,167
専門店 058,167
ソーシャルメディア 156

た行
ターゲット
　―キーワード 079
　―のセグメンテーション 105
　―プロファイリング 105
竹田陽一 017
転換率 132
トルネード効果 212

な行
ネガティブな固定費の変動費化 034
ネットショップの他店舗運営組織
　一体型 148
　並列型 148

は行
バリューチェーン分析 043,141
範囲の経済 142
販売・配送 044,147
ビジネス・インパクト 049,203
ビッグキーワード 068
ファーストビュー 137
不安要素の解消 112
ブランド 098
ブランド・ベネフィット 099
ブランド設計 104,120
ブレイクポイント 193
並列型（ネットショップ運営） 148
変動費 033
ポジティブな固定費の変動費化 036
本命商品 056,184

ま行
ミドルキーワード 068
メールマガジン 156
メディア露出 160

や行
ユーザーの不安要素の解消 105
ユーザーリテラシー 105
陽動戦 049,162

ら行
ランチェスター戦略 017
　第一法則 017
　第二法則 017
ランチェスター戦略　6つの視点 049
　一騎打ち 049,071,150
　一点集中 020,049,053
　局地戦 049,135
　差別化 049,141
　接近戦 049,156
　陽動戦 049,162
リスティング広告 029,070,138
リスト集客 156
リソース
　―の傾斜配分 126
　―の集中 029
　―の分散 026
流通・配送 044,146

INDEX
索引

英数字

3C分析 050
6R 077,078
AIDMA 097
CPA 128,139
CVR 132
E-A-T 071,151,167,195
Excel 178
LTV 078,133
SEO 131
SERP 069
STP分析 076,078

あ行

アクセス数 138
アンゾフ・マトリクス 084
意思決定 037
一騎打ち 049,071,150
一体型（ネットショップ運営） 148
一点集中 020,049,053
　商品の— 053
右脳派ターゲット 106
売上高構成比率 175
売上高構成比率目標値 176
選び方化 109

か行

買えない理由の明確化 115
拡散ターゲット 107
拡張性分析マトリクス 084,133
型番品名検索型 056,057
カテゴリ拡張型 091
キー・プロダクト 176,184
キーワードによる市場の拡張性 081
キーワードプランナー 068
ギフト系 056
規模の経済性 032,142
牛丼型 086
キュレーション 141
共感シグナル 099,123
共感ストーリー 117
競合調査 071
強者の戦略 020
競争戦略 050,051
局地戦 049,135
グーグルアナリティクス 178
経験曲線 142
月間平均検索数 068
研究開発（R&D） 044,046,143
検索意図 065
検索エンジン 065,131
検索結果画面 069
検索連動型広告 070
原料調達 044,144
コア・コンピタンス 037
コアターゲット 107
行動予測 105
購買確率 069
購買動機 105
効率化 035
コープマン目標値 176
顧客インサイト 097,109
　—の明確化 109
顧客生涯価値 133
顧客戦略 050,051
顧客体験
　—の一貫性 100
　—の設計 120
固定費 032

さ行

左脳派ターゲット 105
サブマリン戦略 166
差別化 049,141
サポート 044,149
シーン提案 109
シーン提案型 089
自社戦略 050,051
市場規模 078
システム化 035
弱者の戦略 020
集客機会 091
集客商品 056,184

ブックデザイン　霜崎綾子
図版　水落ゆうこ
イラスト　柴田琴音（Isshiki）
編集　角竹輝紀

ネットショップ勝利《しょうり》の法則《ほうそく》　ランチェスター戦略《せんりゃく》

2021年２月26日　初版第1刷発行

著者　水上 浩一
発行者　滝口 直樹
発行所　株式会社マイナビ出版
〒101-0003　東京都千代田区一ツ橋2-6-3 一ツ橋ビル 2F
TEL：0480-38-6872（注文専用ダイヤル）
TEL：03-3556-2731（販売）
TEL：03-3556-2736（編集）
編集問い合わせ先：pc-books@mynavi.jp
URL：https://book.mynavi.jp

印刷・製本 株式会社ルナテック

ISBN978-4-8399-7483-1